生成AIの可能性と人類

人類のあり方や、仕事の仕方、生き方を、哲学的視点と工学的視点から考える

はじめに
（人間、そして、機械の皆さまに）

以下、この「はじめに」は、人間である著者が書いています。

「はじめに」では、本書全体でもっとも伝えたいことや要約内容などをお伝えしたりするのが一般的ですが、ちょうど今、本文を書き終わったところで、一度書いた「はじめに」を削除して、これを書き進めています。

というのも、そもそも、こうした「はじめに」こそ、「テキスト生成AI」に本文の内容を要約してもらってコピペしたほうがいいのではないか、とも思ったからです。
しかし、逆に、人間だからこそ書ける内容を以下、記してみます（しつこいようですが、人間が書いています）。

＊

そもそも「はじめに」だけでなく、「生成AIについての本」も生成AIに書いてもらうことが可能な時代となりました。
今後、文章の書き手は、人間とは限らなくなってくることでしょう。

また、この本の内容がデジタル化され、ウェブ上に置かれれば、この「はじめに」の文章も生成AIの「ソース・データ」として取り込まれ、将来、何らかの形で生成されるテキストに影響を及ぼすでしょう。

しかし、だからこそ本書では、人間が書いた文章の良さを味わってもらいつつ、生成AIの考え方や仕組みを知っていただければ、と思います。
ぜひ、本書を「読む」ことによって、人間がこれまで培ってきたような意味での「学習」の機会となることを願うばかりです。

※生成AIの世界は劇的に変化しています。
本書は、2023年10月までの情報に基づいて書かれていることに留意してお読みください。

瀧本　往人

生成AIの可能性と人類

人類のあり方や、仕事の仕方、生き方を、哲学的視点と工学的視点から考える

CONTENTS

「人工知能」の誕生
情報処理から情報生成へ

データをインプットし、何らかの処理を要求し、その結果をアウトプットする――その意味では、「生成AI」もこれまでのコンピューティングと何ら変わりありません。

しかし、大きく異なるのは、①膨大なデータをインプットすること、②複雑な処理をしながらも瞬時に処理が終わること、そして、③アウトプットが単純ではなく(=機械的ではなく)、人間が手間をかけて導き出したようなものであること――です。

1-1 言語から記号(情報)へ

「生成AI」など「人工知能」について理解するうえで、「技術的な側面」よりも前に、「物事の考え方」と「そのための技術」、「言語」や「知能」そして「記号」「情報」とは何かについて説明します。

「知能」を「人工知能」として私たちが活用できるようになっているのは、人間の「言語」能力の獲得に起点があり、かつ、その「言語」を「記号」「情報」「デジタルデータ」として扱うようになったことが挙げられます。

■人間の「知能」とは何か

普段は特に意識せずに、「人工知能」という言葉を使っていますが、はたして「知能」とはいったい何でしょうか。

たとえば、「知能が高い」ということは、一般的には「頭が良い」ことと同じ意味で使われており、よく使われている言葉として、「知能指数」という言い方があるので、このあたりから考えていってみましょう。

「頭が良い」というのは、記憶している「知識」の量が多いかどうかで言われることもありますが、「『知識』の活用ができている」というところが大事であり、「知識がある」というよりも「知恵がある」に近い感じです。

しかし、かといって、「人類の英知」といったような、長い年月をかけなければ磨かれないものとも少し異なり、問題解決に向かう道筋や方法を頭の中で会得していて活用できること、といったニュアンスでしょうか。

さらに言えば、電子計算機が膨大な量の計算をわずかな時間で処理していたとしても、それだけで「頭が良い」とか「知能が高い」とはあまり言わず、おそらく「性能が高い」とか「技術力が優れている」とみなすでしょう。

いくつかの問題を与えられ、それらがどういった解決方法があるのかを見つけ出し、素早く、かつ正確に、実際に回答を導いてはじめて、その人間は「知能が高い」とみなされるのです。

しかし、これではあまりにも茫洋としています。

●人工知能の２つの構成要素

このように、ふだん人間が活用している「知能」について考えようとしても漫然としており、あまり分かったような気にはなりません。

そこで、もう少し具体的な事例から考えてみましょう。

＊

たとえば、「**知能検査**」（**IQテスト**）の問題は、以下のような項目に分類されています。

①言語理解・表現	類似、単語、知識、理解
②知覚推理	積木模様、行列推理、パズル、バランス、絵の完成
③記憶	数唱、算数、語音整列
④処理速度	記号探し、符号、絵の抹消

①**言語理解・表現**は言語を通じた「理解」「推理」「思考」、そして、その「表現」に関わる一方、②**知覚推理**は視覚を通じた「（空間）理解」や「推理」に加えて、視覚情報に応じた「身体の対応」に関わります。

③**記憶**は、短期的に覚えていられる「情報量」やその「期間」「順序」などに関わり、コンピュータで言えば「メモリ」に相当する能力のことです。

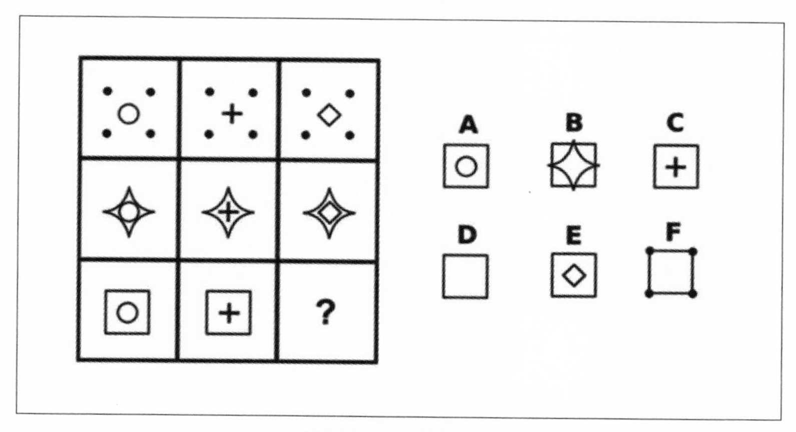

「知能検査」の問題例(知覚推理)

最後の④**処理速度**は、所定の時間内に問題を解決する能力で、コンピュータで言えば「CPU」に相当します。

そういう意味では、③と④は「コンピュータがハードウェアで対応しているところ」と、考えることができます。

実際のところ、コンピュータがデジタルで行なっている「人工知能」の仕組みについては、端的に、以下の3つの系列に分かれて研究開発が進んできました。

系列A	言語や知識にかかわる系列	←①
系列B	知覚や運動にかかわる系列	←②
系列C	(ハードウェア)	←③④

この分け方を参考にして「人工知能」のあり方を理解することが可能です。

言語や知識に関わる**系列A**は、「データ」の内部処理と言えます。

どうしても「知能」というと、ここだけに焦点が集まりがちですが、後者の知覚や運動にかかわる**系列B**、すなわち、インプットとアウトプットを受けもつ「センサ」や「アクチュエータ」との連携があってはじめて「人工知能」と言えます。

また、**系列C**こそ、「生成AI」以前のAI初期の「知能」とされていた部分であることが分かります。

＊

第一の系列(**系列A**)では、私たちが普段使っている言語(＝自然言語)の仕組みを分析・解明したり、変換や生成を行なうプロセッシングに加え、「知識」の抽出や構造化、活用を行なうプロセッシングが行なわれます。

ただし、「自然言語」とは、手に鉛筆を持って文字を書き表わしたり、その文字を目で見たり、言葉を発声したり、その言葉を耳で聞いたりするものが中心ではあるものの、AIの場合は、加えて、言語化されていない現実社会において生じているさまざまな事象を、「加速度」や「傾き・角度」「重力」「圧力」「気温」「湿度」といったカテゴリに分けつつ数値化して、データとして取り込んでいます。これを「**知覚**」と言います。

そして、「第二の系列」(**系列B**)は、そのデータに基づいて現実社会へと何らかのアウトプットすること(これを「運動」「表現」と言います)で、**系列A**はこの**系列B**を通じて現実社会と接点をもちます。

大雑把に言えば、「知能」の役割は、この二つの系列をうまく利用して、事象(状況)を把握するとともに、「何を考え、何をすべきかを判断し、かつ行動する」という、一連のプロセスを実現することにあります。

一方では、「熟慮」など、主に「第一の系列」に比重が置かれる場合もあれば、他方では、「即断即決」など、主に「第二の系列」に比重がある場合もあります。

「知能」と言うと、どうしても「第一の系列」を中心に考えてしまいがちですが、本当の意味での「知能」とは、この2つの系列のいずれもが必要不可欠です。

「人工知能」の開発と実用化の経緯、特に機械学習(特にディープ・ラーニング)の展開を見ると、「ディープフェイク」や「AIアートにおけるパターン認識」など、「知覚」の分野が先に話題を呼び、続いて、膨大な知識に基づいてそれらしく対話や文章生成を行なう「ChatGPT」など、「言語」の分野でも、人間とほぼ同様、場合によっては人間以上の力量を見せつけました。

もちろん、「ロボット」や「自律走行車」、さらには「コネクテッドシティ」など、工学の世界では、第二の系列についても、長い歴史を経て、今世紀中にはいずれも私たちの現実社会の中で当たり前に関わってくることになるでしょう。

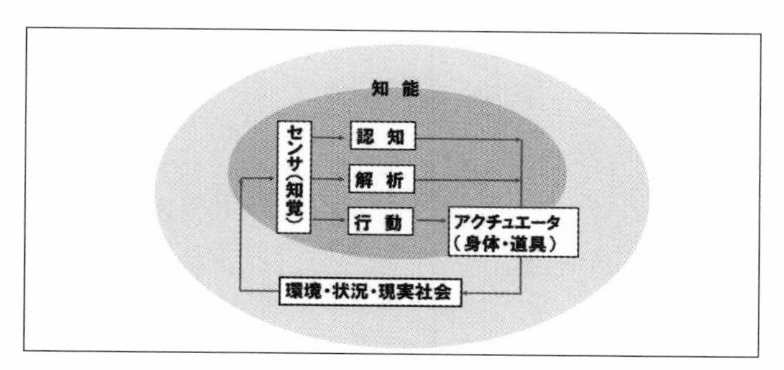

「知能」の仕組みの略式図

＊

整理すると、「人工知能」の大まかな仕組みは、まず、①「センサ」(感覚器)から物理的情報を得る、②センサ以外から数字や言語情報を得る、といった2つのインプットがあります。

その後のデータ処理としては、①集積、②整理・分類・分析(学習)、③解明・析出、などが行なわれ、アウトプットとしては、①アクチュエータ(物理的対応)のほか、②表現(文化行為)などがある、と言えます。

また、この全体を動かしているのが、①CPU、②メモリなどの「ハードウェア」です。

■「自然言語」と「人工言語」

「生成AI」が実際に使えるようになるために、もっとも苦労したのは**系列A**の扱い、すなわち「**自然言語**」の扱いでした。

私たちが普段の暮らしで用いている言語は「自然言語」と呼ばれ、「Ruby」や「C++」などの「プログラミング言語」のような「**人工言語**」とは区別されています。

いずれも特定の「記号」を駆使してシステムとして作動していることから「記号体系」としてまとめることができるため「言語」と呼んでいますが、実のところその両者は根本的に異なります。

＊

そもそも「自然言語」という言葉には矛盾があり、人類史の過程において、長い年月をかけて生成され文化として根付いてきたのが「自然言語」ですから、本来「自然」という言葉は不似合いです。

理由として「社会において自然に発生した」という説明をする場合もあります

が、これはあくまでも「長い年月をかけて使われているうちに形ができた」という意味合いであって、「自然」という言葉のもつ本来の意味である「ひとりでに」「人為によらず」「野生で」ということではありません。

一方「プログラミング言語」は、人間同士が日常的に意思疎通をするためではなく、特定の目的(特殊な用途)である、機械に処理を行なわせるために人為的に作りだしたものです。

したがって、そうした言語を「人工」と呼ぶことから、対立語として「自然」が選ばれた、と理解することはできます。

*

呼び名としては、少ししっくりこないところもありますが、ともかく、「人工言語」と「自然言語」には、大きな相違があります。

本質的には、「人工言語」が「0」と「1」または「オン」と「オフ」の二進法を基盤にして組み立てられているように、「自然言語」も掘り下げれば、「ある」と「ない」をはじめとした二項対立を基礎にして成立しています。

ただ、厄介なことに、「自然言語」にはあいまいなところが多々あるのです。

「ある」と「ない」の二項対立は「0」と「1」の二進法とは異なり、厳密に定義し尽くすことが難しく、中国や日本でよく用いられる「陰陽」がそうであるように、二項対立の左項と右項は完全な別物とは限らず、「両義的」で「相互補完的」であることが多々あります。

つまり、「人工言語」は「厳密さ」を前提としているのに対して、「自然言語」は「あいまいさ」をもち味としている、といった違いがあります。

*

太古より数学や哲学、論理学などは、こうした人間の世界にある「あいまいさ」をどうにか「厳密さ」の中で説明できるようにしたいという願望から発展してきました。

しかし、たとえば哲学においては、アリストテレスにはじまる形式論理学などの例外を除けば、いくら厳密かつ論理的に論じたところで、「自然言語」を用いて説明する以上、言葉の意味の定義や説明を丁寧に行なうことや、筋道がしっかりとしている記述をすることはできても、「自然言語」が本質的にもっている「あいまいさ」を解消するには至りませんでした。

そもそも人間の用いている「言語」に問題があるのではないかと考えられはじめ、「自然言語」の構造を解明し、「自然言語」をそのまま用いずに、人工的に作りだした記号体系のもとで記述しようとする動きが現われたのは、20世紀に入ってからのことです。

ただし、潜在的には、デカルトが打ち出した「普遍数学」構想や、17世紀後半から18世紀初頭に活躍したドイツの哲学者ゴットフリート・ライプニッツの「普遍言語」構想では、日常言語を「記号」に変換することで、人類が齟齬なく共用できるという考えが打ち出されていました。

彼らの計画は当時においてはあくまでも「構想」にとどまりましたが、その後、「人工知能」の設計の基盤として息づいていきます。

それから長い歳月を経て、今、「生成AI」が「人工言語」のシステムの中で「自然言語」をきちんと扱い、ふだん「自然言語」に慣れている人間がほとんど違和感を抱かずに利用できるまでになったということは、驚くべき進化です。

1-2 「音声言語」と「聴覚情報」

文明史において、「自然言語」は「視覚」によって認識する「文字」が生まれる以前から、「聴覚」から受け取る「音声」として運用されてきました。

そこで、ここでは「文字」としての言語のみならず、「音声」としての言語について考えてみます。

■言語の探究

長らく言語研究は、まずは「単語」に区切り、それぞれの「単語」の意味を定め、「文法構造」に沿って並べる、というやり方が主流であり、最も重要なのは「辞書」でした。

そこには、「もともと世の中に存在するものには、それぞれに名前がついている」という考え方が根底にありました。

たとえば、古代ギリシア時代にはすでに、哲学者プラトンが書き残したソクラテスの「対話篇」に、物事についている「名前」というものが最初からその物事についていたのかどうかについての議論があります。

また、その中でソクラテスは、「言語とはその都度『表現』されるのであり、必ずしも完全なものではない」という問題提起を行なっています。

＊

この議論はその後、2000年以上にもわたって続きますが、なかなか結論が出ませんでした。

ようやく、「言語を記号としてとらえる」という考え方を体系的にまとめることができるようになり、解決の糸口を見つけだしたのは、20世紀になってのことです。

●「言語」から「記号」へ

「言語を記号としてとらえる」という考え方を、構想としてではなく、体系的に示し、実際に使えるものにした、とみなすことのできる人物が2人います。

＊

1人は、19世紀後半から20世紀初頭にかけて活躍したアメリカの哲学者チャールズ・サンダース・パースです。

彼は「**記号論**(Semiotics)」の研究の必要性を訴え、「人間は記号である」「すべての思考は外的な記号である」と主張しました。

また、「**対象**(指示物)」に対して「**解釈項**(指示)」を介して「**記号**(表象)」化されるという図式を打ち出し、これら3つの相互作用として「記号」をとらえました。

もう1人は、ほぼ同時代のスイスの言語哲学者フェルディナン・ド・ソシュールで、彼は「**記号学**(Sémiologie)」を展開し、「言語は恣意的なものであり、そこにあるのは『差異』でしかない」という見解に達しました。

＊

両者は直接的な影響関係がなかったにもかかわらず、実に似たような構図を考えていたことが知られています。

パースは、単純に「対象(指示物)」から「記号(表象)」が生まれるのではなく、必ず「解釈項(指示)」が両者の媒介をしている、ととらえました。

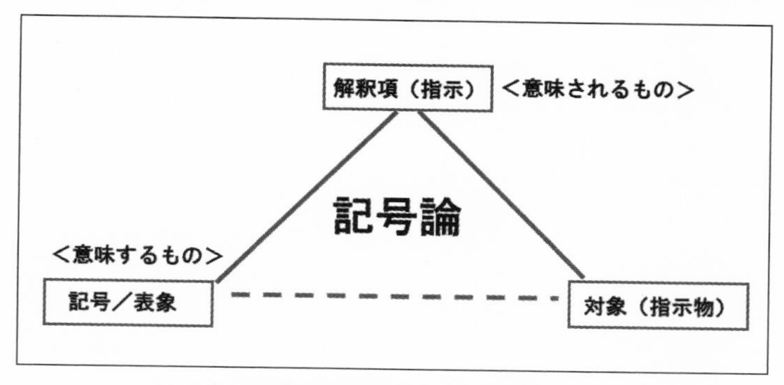

パースの「記号論」とソシュールの「記号学」

ソシュールの場合、パースの言う「対象（指示物）」については触れていませんが、「記号／表象」を「**意味するもの**」として、「解釈項（指示）」を「**意味されるもの**」としてとらえ、その両者の関係性に焦点をあてました。

＊

ただし、両者には相違点もあります。

パースが「言語」をそのまま「記号」（テキスト、文字情報）としてとらえたのに対して、ソシュールは言語学の伝統を引き続きつつ、言語の物理的側面として、①聴覚でとらえた「音声」であることと、②視覚でとらえた画像（映像）すなわち「文字」でもあること——この両者をふまえていました。

また、ソシュールはそれなりに意味を有する「言語」を中心として分析を行ないましたが、パースは「言語」に限定されず、他の動物が行なうような「叫び」や「唸り」といったものまで射程に置いており、「身体動作」とのかかわりを重視していました。

そのほか、パースが過程や相互関係に着目したのに対して、ソシュールは構造や体系をとらえようとしたという点も異なります。

しかし、いずれにせよ、両者の理論があってはじめてその後の「自然言語」の研究が進んでいったことは間違いありません。

■「記号体系」としての言語

特に、ソシュールの記号学が「視覚情報」だけでなく「聴覚情報」に着目していたことは、「生成AI」の技術を考えるうえで、きわめて重要なポイントだったと言えるでしょう。

*

ソシュール以前の哲学や言語学の伝統においては、物と言葉は密接につながっており、「物」に付された「名称」はその物よりも先に存在し、かつ、そちらのほうが「本物」であると考えられてきました。

そのため、この世に真に実在しているのは、その「物」なのか、言葉を通じて示されている「何か」なのか、という論議が重要な意味をもっていました。

今で言えば、「感性」と「知性」の問題、すなわち、「知覚を通じて得られる情報」と「脳で作られている情報」とでは、どちらが信用に値するのか、といった議論です。

17世紀に活躍したフランスの哲学者ルネ・デカルトは、この問題に対して、「感覚的なものはすべて疑わしい」と考える一方、「そうした『疑わしさ』を確認できる『自分』というものの存在は疑いようがない」という結論に達していました。

これが有名な「我思う、故に我あり」です。

「考えることができる自分が確かなものである」ということは、その「自分」とは肉体や感覚器官を指しているのではなく、脳から生み出されたものが「本物」であるとみなしたわけです。

> ※そのうえで、「脳から生み出されたものを脳が疑うことができる」という**「反省性」**をもっていることを評価しました。

*

こうした考えに基づいて、その後、「心臓死」に代わって「脳死」が人の死の基準になったように、「我思う、ゆえに我あり」は、個々の存在や生命を「主体」と呼んで尊重している現代に生きる私たちにとっても、考え方の根本にある、最重要の思想となりました。

それを境にして哲学は、以前は**「イデア」**と呼んでいたものを**「観念」**と言い換えて、知覚によって得られる情報ではなく、言語や知識を通じて得られる情報(=**脳内情報**)への探究を優先して進めることになります。

特にカントからヘーゲルに至る「**ドイツ観念論**」は、こうしたデカルトの「思う」と「あり」の結びつきを前提として展開し、その代表格となりました。

こうした哲学のあり方に異を唱えた代表格が、19世紀ドイツの哲学者カール・マルクスです。

マルクスは、社会の「**上部構造**」(観念領域)の「解釈」に終始していた哲学を批判し、社会の物質的基盤であり「**下部構造**」である、貨幣や資本をはじめとした近代資本主義経済の仕組みの分析とその転換に力を注いでいきました。

こうした、脳内情報よりも身体や知覚情報の優位性を主張した思想がなかったわけではありませんが、今でも世間での哲学のイメージは、デカルトや「ドイツ観念論」を中心に出来上がっています。

少しだけ違う経路を作ったのは、パースやソシュールに少し遅れて登場した、オーストリアの哲学者エトムント・フッサールです。

彼は「**現象学**」を展開し、知覚から得られる情報に対する再検証を行ないました。

第二次世界大戦後には、この現象学をもとにして「実存は本質に先立つ」と訴えたサルトルをはじめとした「**実存主義**」という大きな思想潮流を作り出していきます。

ここで言う「本質」とは、先ほど述べた「物には最初から言葉がついている」といった考えのことで、「実存」とは、知覚や肉体の情報を優位に考えるものと言えます。

一方、言語哲学者であったソシュールは、「結局は言葉と意味との関係は固定したものである」ということが前提となっていた従来の言語研究のあり方に疑問を抱くところからスタートしました。

*

それまでの言語学は、歴史的に言葉の意味が変わってきた過程を調べることが中心で、語源や祖語が研究の中心でした。

しかしソシュールは、こうした言葉の「通時的」な側面ではなく、言語の構造、具体的には、「音素」同士の関係性に着目します。

たとえば3つの子音「p」「k」「t」には、それぞれの間に「密」と「疎」または「鈍」

と「鋭」との関係がありますが、「p」には「意味」の変化やルーツはありません。

そこにあるのは「体系」(システム)だけで、「音素」の間にあるのは「関係」だけです。

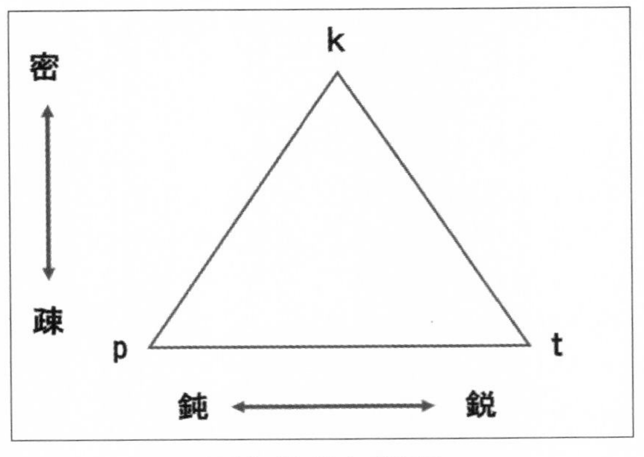

子音「p」「k」「t」の関係図

こうした考えは、実は「音素」に限らず「語彙」すべてにもあてはまる、とソシュールは考えました。

たとえば、色彩に関する語彙、中でももっとも分かりやすいのは「虹」ですが、「虹」に含まれている色の数が「7」であるととらえるのはニュートンに由来すると言われています。

しかし、実際には、各国でその数は「5」であったり「6」であったり、さまざまです。

記号学的に言えば、「虹」という概念に対して、ある社会はその中に含まれる色を7つに分割しているのに対して、別の社会は5つに分割していることもある、ということです。

最初からそれぞれの物事に名前がついていたとしたら、こういった地域による違いも、時代における変化もなかったはずです。

●音声としての言語、文字としての言語

また、ソシュールは、各人が言語を用いる場合、それを「**発話**」と呼び、社会や文化で用いられている言語の体系一般と、活用されている「発話」とは分けて

考え、さらにその両者を合わせて言語を使う能力を「**言語活動**」としました。

そのうえで、言語は、まず「対象(意味するもの)」があり、それに対して、音声や文字などで対象が表わされることで、「表現された対象(意味されたもの)」となりますが、両者は恣意的であり、かつ、相互依存的な関係の束となっています。

*

こうしたソシュールの記号論を大雑把にまとめれば、「言葉は関係や全体のつながりの中で、あるポジション(ベクトルや行列)を占めているものである」ということです。

■情報の二面性

ソシュールの記号論から、情報科学は、「言語には二面性があり、ある対象(概念内容)を見て、それを音声(聴覚イメージ)で言い表わす場合もあれば、ある対象(視覚イメージ)を文字(記号化)で理解する場合もある」という知見を得ています。

つまり、「言語」を「情報」に拡張すれば、人間が勝手に結びつけたものにすぎない「物理的な現象」と「意味内容」とによって「情報」が生成されるわけです。

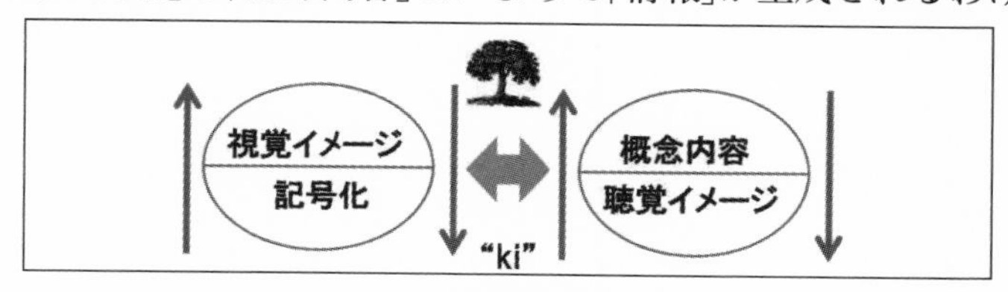

ソシュールの言語構造のとらえ方

そう考えると、「言語」を「記号」としてとらえ、さらには「情報」としてとらえていくということは、実のところ、言語には、①まず「聴覚—音声認識」(発話、対話、音楽、ノイズなど)と、②「視覚—記号の認識」(文字、数字、絵、イラスト、写真、図、映像)といった、2つのインプットの回路があり、それぞれ少し異なる処理をしながらも、2つの認識の回路があるということになります。

①視覚情報	テキスト	文字、数字、記号、プログラム
	画像	絵、イラスト、写真、図、映像、表(データ)
②聴覚情報	音声	発話、対話、音楽、ノイズ
③複合体	コンテンツ	ゲーム、ブラウザ

20世紀までは、「テキスト」ならば、本や雑誌、新聞に、「画像」ならば、写真、ビデオテープ、DVD、ブルーレイ、映画、テレビ番組などに、「音声」ならば、CD、レコード、カセットテープ、ラジオ番組に、といったように、それぞれメディアが分かれていました。

しかし、今や、オンラインのネット世界においては、これらがすべて混在化しています。

*

ソシュールの言語哲学は、第二次世界大戦後には「**構造主義**」という思想潮流の源となり、先ほど登場したサルトルらの実存主義に対抗することになりました。

しかし、「実存主義」は言ってみれば、「生成AI」が成立するための「系列B」の領域と親近性があり、「構造主義」は「系列A」と深くかかわっているものです。

すると、その両者は対立するものではなく、その両方の開発と両者の接続がなければ「生成AI」が生まれなかったのではないか、という見解にたどり着きます。

その証拠に、20世紀後半には、ソシュールの記号学は「**文化記号学**」という看板を掲げ、美術、音楽といった芸術や建築、デザインの領域において、一度は盛り上がりますが、うまく理論化できず、よく分からない応用や実践に終始してしまいました。

また、「実存主義」も、マルクス理論と共闘体制をとりますが、実践の総体とも言える歴史と向き合ったときに、理論の不充分さや矛盾に突き当たり、解体してしまいます。

*

しかし、直接的な影響があるわけではありませんが、こうした2つの思想が培ってきたものは、確かに情報科学に継承され、その結果、「生成AI」が生まれるに至った、とみなせます。

少なくともソシュールは、言語の記号化にあたって、「言語記号は『聴覚』と『視覚』の2つから情報を得る」という視点をもたらしたと言えるでしょう。

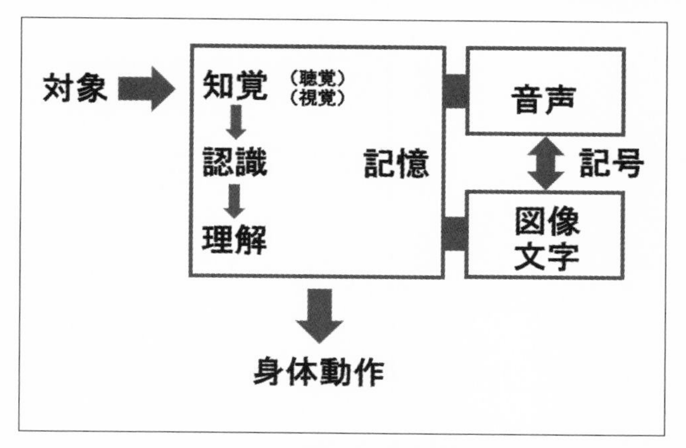

ソシュールの記号学からみた「生成AI」の構造

1-3 「形象への認識」と「視覚情報」

私たちは「カタチあるもの」を把握する視覚に多くを頼って物事の識別を行なっており、それを言葉で表わすことで強化してきましたが、「生成AI」が実用化されるまで、このつながりの意味を充分に理解できずにいました。

■視覚情報の優位性

現在では画像と映像(動画)として処理される視覚情報(=視覚を通じて得られる情報)は、「真理」や「普遍性」「永遠性」などを追求する哲学において、長い間「**形相**」として理解され、副次的なものとみなされてきました。

●プラトンの「イデア」、カントの「観念=理想」

西洋哲学の歴史、特に古代ギリシアのプラトンや近代のカントにおいて、「感覚」の中でも特に「視覚」によって得られる情報は「疑わしい」ものにすぎず、「イデア」や「観念」こそが「本物」であるという考え方が中心となっていました。

たとえば、誰かが紙に書いた「模様」をほかの人が「三角形」と認識できるのは、私たちが(人類に)共通する「三角形のイデア」を想起できるからである、とプラトンは考えました。

つまり、目の前に見えているものはあくまでも「イデア」に基づいてとらえられた「形相(仮象)」にすぎず、それと「イデア(本質)」は区別してとらえなければならないということです。

しかも、プラトンはこの件について、「**洞窟の寓喩**（アレゴリー）」という以下のたとえ話を用いて、念入りに検証しています。

> 私たちは子どものときから囚われの身であり縛られていて洞窟の奥から逃げ出せない。しかも太陽の光どころか、火の光さえも直接見ることができない。ただ、壁に映る影像を見ることができるだけである。もし人が、太陽の光や火の光の存在、そして、影に映る元の実物の存在について、何も知らなかったのならば、壁に映った「影像」が現実であると考えるだろう。こうして囚われの身の者たちは、ただ影の像を「ほんもの」とみなすことになる。
>
> （プラトン『国家』515Cより引用）

このあと、囚われの身の彼らが束縛から解き放たれると、今まで自分たちがどういった境遇にあったのか、どういう状態にあったのかを知ることができるようになります。

そして、これまで「本物」とみなしていた「影像」がただの「影」にすぎず、影が出来るためには「光」が必要であり、かつ、その光が器物にあてられて「影」が出来ていた、ということを理解します。

さらに、自分がいたところが洞窟で、その出口の向こうには日が射しており、どうやら火の光よりももっと包括的な太陽の光が私たちの世界を照らしている、ということに気づきます。

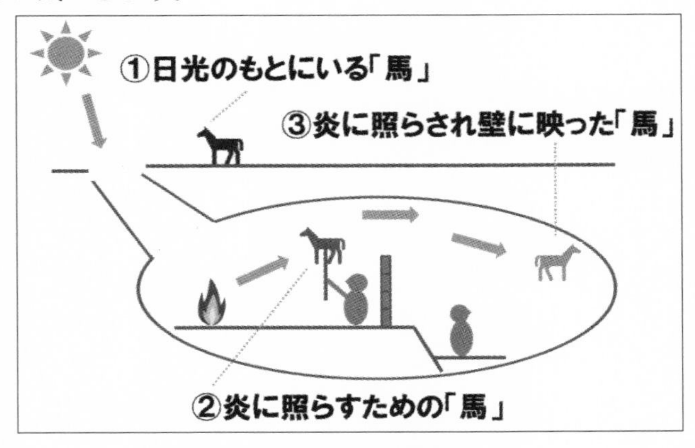

プラトンの「洞窟の寓喩」

こうしてプラトンは、私たちが普段「本物」のようにとらえているものを「偽物」とみなし、努力して別のところにあるはずの「イデア」を捕まえなければならないと考えました。

一方、21世紀に生きる私たちは、活字を読んでは空想し、スピーカーから出る音で楽曲を味わい、液晶に映る笑いの絶えない芸人たちのトークを眺めて一日の疲れを癒し、常にスマホを持ち歩いて友人や家族と会話したりしていますが、この様子をもしもプラトンが知ったなら、「ああ、みな洞窟の中にいる」と考えるのではないでしょうか。

*

近代科学や情報科学とは異なり、哲学はこうしたプラトン的な考え方を大事にしてきました。

この前提からすると、美術(視覚芸術)や音楽(聴覚芸術)などの「感覚器官」を通じた芸術はみな「偽物」にすぎなくなってしまうのですが、優れた作品の場合には「イデア」に近づいたものとなっているから「感動」があるのだ、ととらえます。

●複製技術と「生成AI」

ちなみに、20世紀のドイツの哲学者ヴァルター・ベンヤミンは、写真や映画をはじめとした「複製芸術」が趣味や娯楽として定着しはじめた時代において、「『複製芸術』にはかつての絵画にあったような**『オーラ』(アウラ)**が消失してしまっている」ととらえました。

「複製芸術」は、再現性や多在性に長けており、さらには人間の知覚では届かないものをリアルに表現している点については価値(=展示的価値)があるとみなせますが、芸術作品(アート)の価値は、それとはまったく逆に、唯一無二性、「今ここ」にそのオリジナルがあることに最大の価値(=礼拝的価値)がある、とベンヤミンは考えました。

つまり「コピー」に対して「オリジナル」の優位性が前提となっており、結局はプラトンの主張の延長線にいたのです。

しかし、「人工知能」は今のところ人間の「知能」をモデルに作られていますが、だからと言って「オリジナル」が必ずしも優位になっていないと言えます。

後の章で触れるように、知覚情報に対して人工知能技術は、新たな知見を加えているように思います。
つまり、それぞれの「もの」に対して何らかの「イデア」がありうるとしても、それは、「外部」やこの世界とは別の次元にあるのではなく、その「もの」の中にある、ということです。

「もの」そのものの「成分」(画像であれば、明度や彩度など)の解析を行ない、それが言語認識の次元で何と呼ばれているのかを統計的・確率論的に推測するわけです。
この推測の過程こそ、「**ディープ・ラーニング**」と呼ばれている機械の「学習」の仕方です。

1-4 「人間の学習」と「機械の学習」

当初、「コンピュータやAIの学習」は、「人間の学習」とは大きく異なっており、単に情報のインプットすることと、その情報に定義やルールに沿って分類や関連づけなどを行ない、アウトプットできるようにすることを意味していました。
しかし、その後、大きな変化が生じます。

■「機械学習」の前史

人間のみならず「生命」のあるものはみな、「生きる」ために「学習」をします。
つまり、過去の経験や認知能力に基づいて分類や判断を行ない、少しでも生きながらえようとするのです。
しかし、(今のところ)「生命」をもたない「人工知能」が「学習」をするのは、自らが「生きる」ためではなく、あくまでもプログラムしている人間たちの役に立つためであり、この点において決定的に異なります。

*

「人工知能」よりも前の段階にさかのぼり、「電子計算機」が登場したときのことを思い返してみると、その時点では、あくまでも「計算」に機能が制限されていたこともあり、高速かつ正確に計算できることが目的であったため、「学習」という考え方がまったく異なっていました。

開発がはじまったころの「人工知能」は、今のように、データを集積、整理、解析してルールやパターンを見つけ出し、分類や予測などを行なうといった次元には至らず、まずは、人間がデータやルールや解などをすべて用意しておき、速やかに「解」を求めることが「学習」でした。

そのため、1950年代に最初に積極的に開発されたのは「**ルールベース方式**」と言われる「学習」でした。

●ルールベース方式

「ルールベース方式」は、「特徴量がａの範囲にあれば、推論の結果はＡとなり、ｂの範囲にあればＢとなる」といった「パラメータ」を人間が調整するような、インプットされた情報に対して、「ルール」についてはすべて人間の側で用意して、アウトプットを行ないます。ある程度「ルール」の数が限られていたり、総数が少ない場合に有効に働きます。

逆に言えば、人間が設定していないルールに基づいた計算や解析は一切できません。

インプットされた「問」に対して、人間が用意した「問データ」や「ルール」そして「解データ」を参照し、合致するものを見つけ出して、「解」をアウトプットします。

「知能」と言っても、AIが考えたりしているのではなく、言わば「物まね」をしているようなものです。

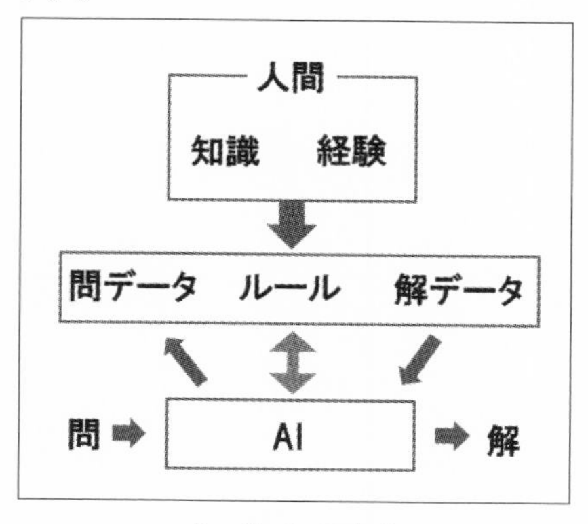

ルールベース方式

「自然言語処理」で言えば、AIが自然言語を理解するにあたって、

①まず人間がこれまで作ってきた辞書や文法書をデータとして取り込むために文章を単語ごとに区切って、それぞれの語彙の「品詞」を定め(=**形態素分析**)、
②「構文」や「係り受け」など、文章構造のパターンを調べる(=**構文・係受分析**)一方で、
③文脈に沿って言葉の意味を絞り込んだりする(=**文脈・意味分析**)

ことでした。

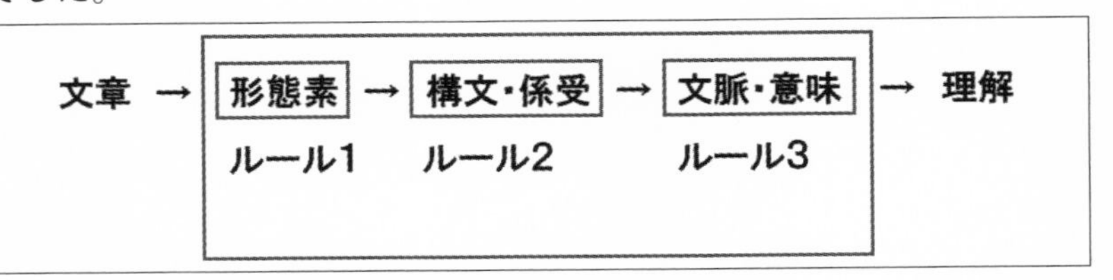

自然言語解析のステップ

●エキスパート・システム

「ルールベース方式」は、人間が「知能」を人工的にコンピュータで再現しようと考えたときに、最初に実行できたものでした。

しかし、たとえば対戦ゲームで言えば、オセロやチェスではある程度、人間と戦って勝てるまでに性能を上げることはできましたが、将棋や囲碁になると、その筋のプロを負かすことは、なかなかできませんでした。

では、どうしたら「知能」を上げることができるのか。
そこで考えられたのが、その筋のプロの「知能」を模倣できるようなプログラムの開発でした。

これを「**エキスパート・システム**」と呼びます。

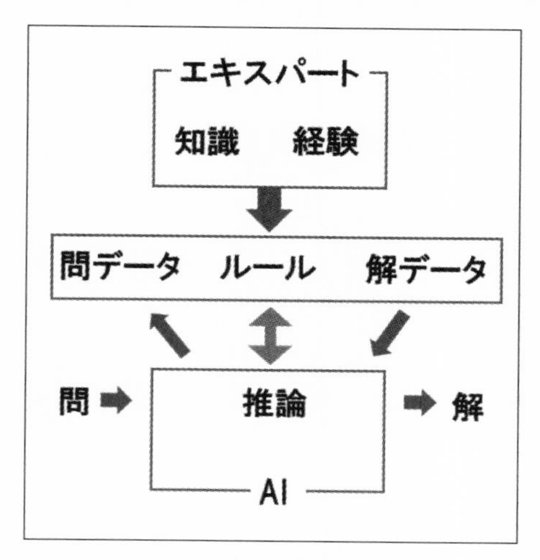

エキスパート方式

1980年代に、専門領域の情報を集積させ、質問に答えられるようにする技術に注目が集まり、医療やその他の専門分野で開発が進行。

医療では、熟練の医者の知識と経験を蓄えて、患者の病気の診断に用いることが目指されました。

しかし、当時のハードウェアのスペックや処理技術の前では、膨大な量の情報を集めることだけでもコストがかさんでしまい、全体的には大きな成果を出せないまま、1990年代に入ると下火になってしまいます。

このころのAIは、「実用に充分な知識量のデータを取り込む」という点において課題を抱えており、さらには「例外処理」や「矛盾したデータ」への対応もうまくできていませんでした。

■機械学習

その後、1990年代以降、あらためてAI開発の熱が強まってゆく契機となったのは「**機械学習**」でした。

知能検査の③④の次元から、特に①に焦点があたり、「AIが『知能』である以上、ただ単にデータやルール、パターンなどを集めて、その処理を高速化するだけでは充分ではなく、人間と同じように『学習』が重要である」という見解に達したのです。

*

もちろん、最初は親や教師によるサポートが必要ですが、「ルールベース方式」のように、すべてお膳立てをしてしまっては学習にはなりません。

また「エキスパート・システム」のように、すべてのパラメータの設定を人間が用意してしまっても、学習にはなりません。

人間がすべきなのは、適切な「**特徴量**」を用意することで、あとはAIがその「特徴量」からそこに潜んでいるパターンを学習して、パラメータの値を決定する。

これが「機械学習」のモデルとなります。

なお、「機械学習」が「生成AI」へと成長するためには、ウェブ上の膨大な情報をうまく活用できる巨大IT企業の存在が必要不可欠でした。

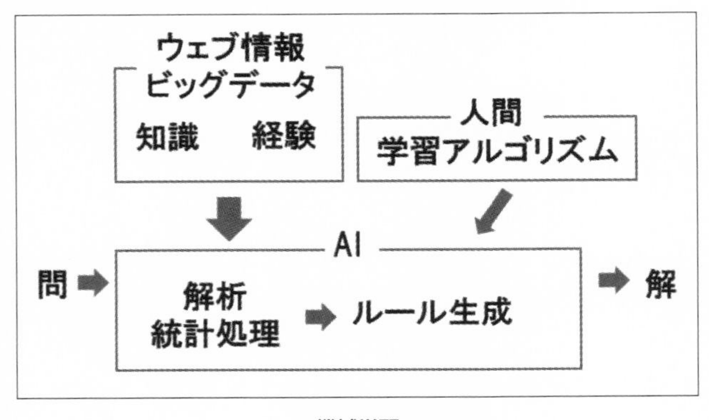

機械学習

●ナイーブベイズ方式

「機械学習」の基本は、統計処理にあり、まず「ベイズ理論」をもとにアルゴリズムを作りあげる「**ナイーブベイズ方式**」によって基礎が作られました。

*

「ベイズ理論」は、18世紀にイギリスのトーマス・ベイズが考案した理論です。

その後、統計学では異端視されてきましたが、コンピュータによる計算処理の高速化によって、20世紀末にあらためて脚光を浴びました。

大まかに言えば、確率論に基づいた統計処理の手法であり、「与えられた情報や条件」だけから、最適な解を見つけ出すのに役に立つ考え方です。

「与えられた情報や条件」には2つあります。

①もともとある信念や常識(＝事前確率)と②新たな知見(＝**尤度**(ゆうど))です。

「尤度」は、①に対する割合と、①ではない場合の割合がそれぞれ分かっているので、それぞれ計算し、その合計に対する①の割合を求めると、①に対して②が加味された新たな割合(＝**事後確率**)が求められます。

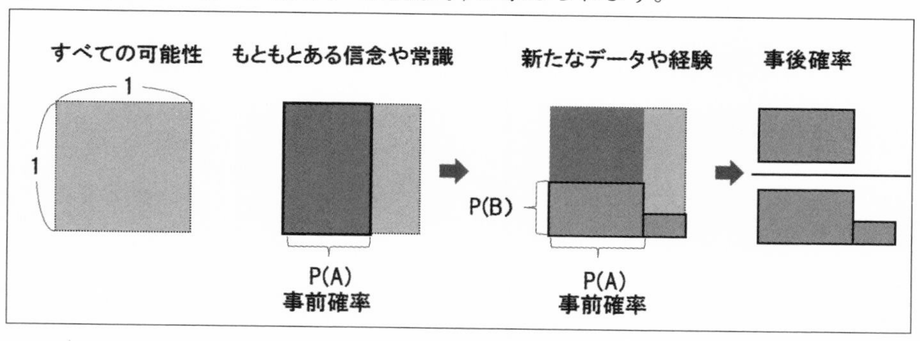

ベイズ理論

＊

「ナイーブベイズ方式」は、この考えに基づき、「新たにインプットされた情報」と「これまでの情報」を確率論的に比較検証して、どのカテゴリに属しているのかを判別します。

このやり方は、カテゴリが3つ以上でも可能です。

もっとも分かりやすい応用例はスパムメールのフィルタで、これは**次章**で詳しくとりあげます。

「ナイーブベイズ方式」は、計算式が単純で高速に処理が可能ではありますが、これまでの情報に基づいて「事前確率」を出しておかねばならないため、「**教師あり学習**」の一例となります。

●サポートベクトル・マシン方式

それに対して、「**教師なし学習**」で、同じような分類分けを高速に可能としたのが、2010年に登場した「**サポートベクトル・マシン**」(**SVM**)です。

数ある情報を2つのクラスのデータ群に分割する際に、「境界線」や「超平面」を決定することで「分類」や「回帰」を行なうアルゴリズムです。

*

「**サポートベクトル**」とは、「データを分割する直線に最も近いデータ」のことで、「**マージン最大化**」と呼ばれる考え方を使い、正しい分類基準を見つけ出します。

「マージン」とは、「境界とデータとの距離」のことであり、これが小さいと少しのデータの違いで誤判定することになってしまうため、「マージン」を最大化する境界線を引くことを目指します。

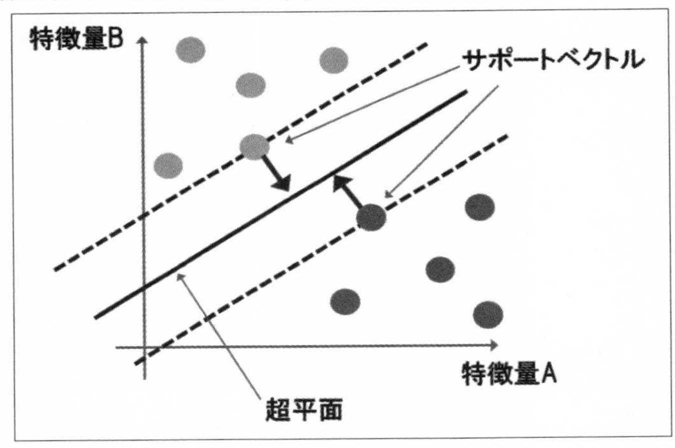

サポートベクトル

図で見て分かる通り、境界から離れているデータはどちらに分類されるか、はっきりとしていますが、境界の近くにあるデータは分類が容易ではありません。

人間だったら、とりあえず分かりやすいところから手を付けていき、難しいところは保留にしてしまうかもしれませんが、「SVM」は、むしろ、境界の近くにあるデータ(=サポートベクトル)にだけ焦点をあてて分類を試みます。

■学習における「教師」の役割

「機械学習」のパターンは、データの内容やアウトプットによって、①教師あり学習、②教師なし学習、に分けられます。

また、②教師なし学習をさらにつきつめた、③**強化学習**が大きく注目を集めています。

●教師あり学習

「特徴を示す情報(＝**説明変数**)」と「答の情報(＝**目的変数**)」がセットとなっているところから学習を行なうのが、「教師あり学習」です。

新たにインプットされた「問」に対して、ルールやパターンを見つけ出し、これまで学習してきた内容と照会して、「解」を導き出します。

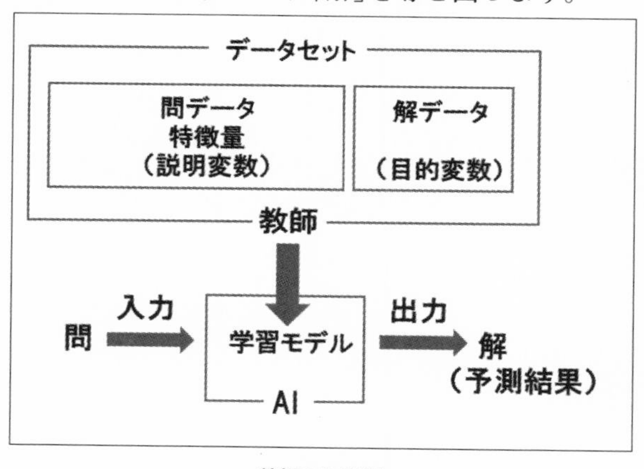

教師あり学習

＊

中でも「機械学習」が得意としているのは、「分類」「回帰」と呼ばれている問題です。

「分類」は、たとえば、数ある猫の画像の中に虎の子どもの画像が混ざっていないかどうかを調べたりするものです。

この場合、猫と虎の特徴に関する情報が「説明変数」となり、その中から虎を選ぶ(＝「虎である」「虎ではない」という2種類に分類する)ということが「目的変数」となります。

一方「回帰」は、「目的変数」が数値化されている点が「分類」と異なっており、与えられている「説明変数」の情報を頼りに「目的変数」にあてはまる数値を予測します。

そのため、商品の今後の需要予測であるとか、株価の変動、人口推移などを求めるときに利用されます。

●教師なし学習

「教師あり学習」と異なり、「目的変数」に関する情報をもたずに「説明変数」だけで「学習」を行なうのが「教師なし学習」です。

「説明変数」は、特徴量や属性、パターンなどで、「教師あり学習」と同じように用意されますが、「目的変数」はありません。

その代わりに「学習モデル」が「問データ」に潜在している構造やパターンなどを見つけ出すところが、「教師あり学習」との大きな違いです。

つまり、「解データ」を、手持ちの中から見つけ出すのではなく、AI自身が作り出すわけです。

このあたりから、ようやく本格的な「知能」作業となってきます。

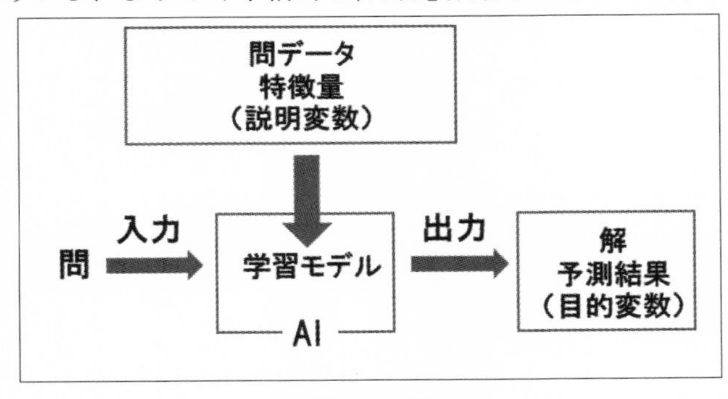

教師なし学習

＊

手法としては主に、「**次元圧縮**」「**クラスタリング**」「**異常検出**」などがあります。

「次元圧縮」は、「説明変数」を減らし、数少ない情報に絞り込んでも、学習データとして維持できるようにするものです。

「クラスタリング」は、集められた情報の中から「類似している/類似していない」を見極めるものです。

「異常検出」は、データの中から「通常」「一般」「普通」ではないパターンを見つけ出すもので、セキュリティや品質管理などで用いられます。

●強化学習

前もって人間の手によって問題(データ)と解をインプットする「教師あり学習」と、問題(データ)だけをインプットし、解は与えない「教師なし学習」に対して、はっきりとした解がなく、それでいながら「最適な解」を選択できるようにするのが「強化学習」です。

*

「強化学習」は、環境や状況、条件、状態などについての情報と、どういった選択ができるのかについての情報をインプットした時点で、長期的に見たときに(価値や利益が)最大となるような最良の解を引き出そうとするものです。

「強化学習」には、インプットにかかわる「**状態**」とアウトプットにかかわる「**行動**」のほか、「**報酬**」という要素があるところが最大の特徴です。

「強化学習」の「説明変数」は、環境や状況に関する情報ですが、AIがアウトプットするための情報を含みます。

そのアウトプットするための情報に対する「報酬」(評価値)が「目的変数」となり、この値を最大化するようにAIはアウトプットを選択します。

「学習モデル」は、「説明変数」を参照しながら報酬を最大化するアウトプットを見つけられるようにします。

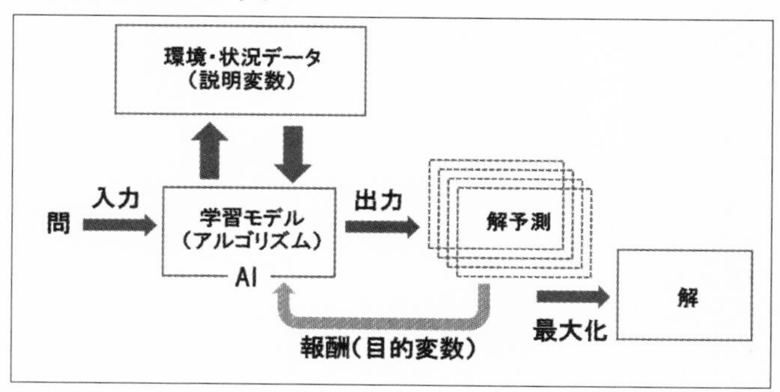

強化学習

「強化学習」は、何よりも「目的」がはっきりとしており、ある状態においてある行動をとったときの「報酬」を最大化しようとします（＝**Q値**）。

この「Q値」の「Q」は「quality＝品質」の頭文字ですが、「行動価値（Action Value）」を意味します。

よく用いられているアルゴリズムとして「**Q学習**」「**Sarsa**」「**モンテカルロ法**」があります。

「Q学習」は、2015年、Google DeepMindが開発しプロの棋士に勝利した「**AlphaGo**」に「**Deep Q-Network（DQN）**」として搭載されていたことからよく知られています。

■「機械学習」から「ディープ・ラーニング」へ

もともと、コンピュータは複雑な計算や処理を高速かつ正確にできるようにするために開発されました。

しかし、その後、その結果をデジタルデータとして記録（保存）することや、画面上で文章や楽曲、動画などを作ること、さらには、メールやインターネットなどコミュニケーションやネットワークにも利用されるようになり、今では仕事や暮らしに欠かすことができなくなりました。

「生成AI」は、こうしたコンピュータの守備範囲をさらに変えようとしています。

＊

「機械学習」以前の「AI」の「知能」は、かなり制限がありました。

オセロや将棋などは、対戦型ゲームの実用化がそうであったように、ルールや指し手が決まっているので、計算処理の延長線上で対応可能だったのです。

そこに「**ニューラル・ネットワーク**」に基づいた「**ディープ・ラーニング**」（または「**深層学習**」）という考え方が導入されたことによって、単に杓子定規に答えを返すだけではなく、普通の人間が行なっているように、すべての情報がなくても、限られた知識や経験に基づいて、柔軟に対応できるようになってきました。

特に、充分にデータや条件が与えられていない未知の状況・状態にあっても、推測や予測を立て、それなりにやり過ごせるような能力をもちはじめています。

プログラミングの見地から言えば、もともとのコンピュータは厳密な質問と答えのやりとりが基本であり、間違えることが許されないものでしたが、「生成AI」は、正しいか間違いかではなく、もっている情報を上手に使って、現実的な対応ができるような工夫がなされているもの、と言えるでしょう。

このように「機械学習」の中でも「ディープ・ラーニング」は、人間側が出した問題に正確に答えるだけでなく、対話や類推などが可能で、人間の思考力に近付くとともに、まるで人間とやり取りをしているかのように振る舞えるほど成長しています。

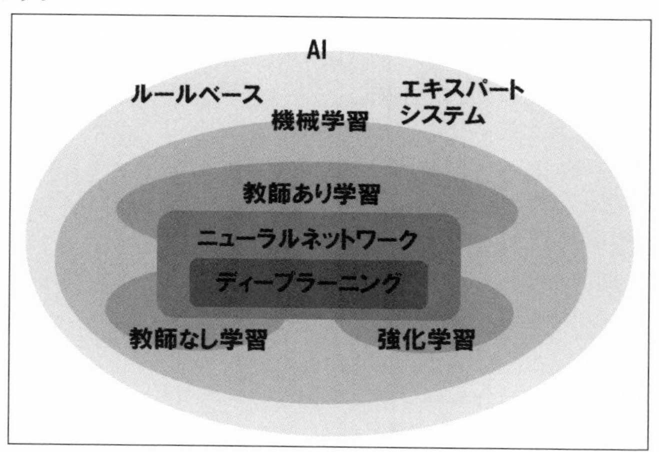

AI関連用語の関係性

かつてのSF小説・アニメに登場する最先端のコンピュータは、正確に回答することができる場合と、与えられた情報が少ないために回答不能である場合とを描いていましたが、この後者に対して、できうるかぎり最適・最良・最善の回答をアウトプットしようとするのが「ディープ・ラーニング」であり、「ディープ・ラーニング」の根幹にあるのが「ニューラル・ネットワーク」の技術です。

■ニューラル・ネットワーク

現在につながる、人工知能の大きな転換は、人間の脳機能の神経細胞をモデルにして考案された「ニューラル・ネットワーク」が2014年以降に広まったことからはじまります。

*

「ニューラル・ネットワーク」は、前もって学習させておいたデータに対して、新たな情報が加わったときに、どのような結果が出力されるのかを導き出すことができます。

人間の脳が、感覚器官から環境や状況の情報をインプットし、それを神経でつなぎ、脳内で「言語化」「視覚図像化」「音声認識化」といった情報処理を行ない、何らかの分類や判断などをして、その結果をアクチュエータなどにアウトプットする流れをモデルにして、機械にも同様のことをさせようとしたものです。

「ニューロン」にはいくつもの「シナプス(樹状突起)」があり、そこから情報(電気信号)が細胞体に入り込み、軸索を通ってシナプスへとつながっていきます。

この生物に備わっている仕組みを数理モデル化し、計算処理に応用したのが「**パーセプトロン**」です。

「パーセプトロン」は、複数のインプット源から入り込んでくる情報を整理(計算)して1つの「解」を次のシナプスにアウトプットします。

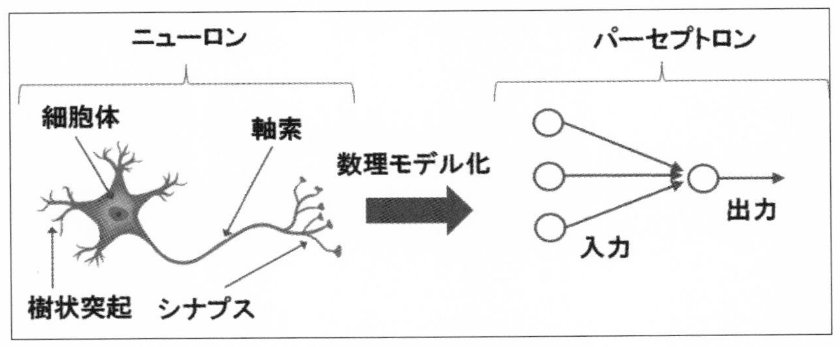

「ニューロン」と「パーセプトロン」

こうした「パーセプトロン」をネットワーク化したものが、「ニューラル・ネットワーク」です。

それぞれの層をつなぐ「ニューロン」の間のつながりには強度の違いがあり、この違いを「ニューラル・ネットワーク」では「**重み**」と呼びます。

この「重み」を調節することによって、インプットされた情報に対して最適に近い出力(=**教師データ**)が可能になるわけです。

最初は「中間層」が、ただ1層のみのケースで理解されていましたが、後に2層になると飛躍的に良い結果が出力されることが分かり、「中間層」が2層以上ある「ニューラル・ネットワーク」が開発され、特にそれを「ディープ・ラーニング」と呼ぶようになりました。

「ニューラル・ネットワーク」の面白いところは、一方向的に作業を進めて終わらせるのではなく、インプットのみならずアウトプットを最初から想定しながら最適な処理を行なえる点にあります。

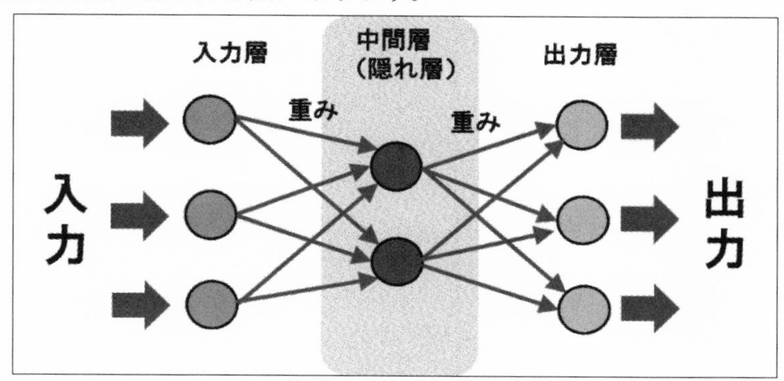

ニューラル・ネットワーク

●「ニューラル・ネットワーク」の種類

「ニューラル・ネットワーク」にもいろいろな種類がありますが、代表的なものとして「**畳み込み**」「**再帰**」「**長期短期記憶**」について説明します。

畳み込みニューラル・ネットワーク(CNN)

「**CNN**」(Convolutional Neural Network、畳み込みニューラル・ネットワーク)は、画像処理に特化した「ニューラル・ネットワーク」です。

画像データは突き詰めればドットの集まりであり、モノクロであれば濃淡が、カラーであれば、さらにそこに色情報が付加されたものです。

その画像データがどういった内容や意味をもっているのかをAIが把握するには、物体や生物、事象などのそれぞれの視覚的イメージの特徴やパターンを理解する必要があります。

「CNN」は、この「特徴」の把握のための技術として、その名称にもある「畳み込み」と「畳み込み」によって抽出された「**特徴マップ**」の要約を行なう「**プーリング**」を、「ニューラル・ネットワーク」の「層」として装備しています。

*

「畳み込み層」では、画像データを部分ごとにフィルタリングして特徴をつかみだすことで、その画像データに複数含まれている「特徴」のマッピングを行ないます。この「特徴マップ」をもとにして、その画像の中に含まれているものをそれぞれ認識していくわけです。

たとえば、画像に写っているオブジェクトが一部ほかのオブジェクトで隠れていたり、光があたって変色していたり、変形していたとしてもそのオブジェクトをオブジェクトとして「特徴マップ」で理解できるようにするためには、「『特徴』情報が厳密に同じでなくてもかまわない」という前提枠をもちこむ必要があります。

この枠を「**プーリング層**」と言い、作成された「特徴マップ」の情報をできるだけ減らして、いろいろな変化や移動があっても同一のものと認識できるようにします。

こうした処理を繰り返し行なって確度をあげ、最終的にはフラット化し、すべてのデータを結合したうえで、「重み」によって異なる「解」をアウトプットします。

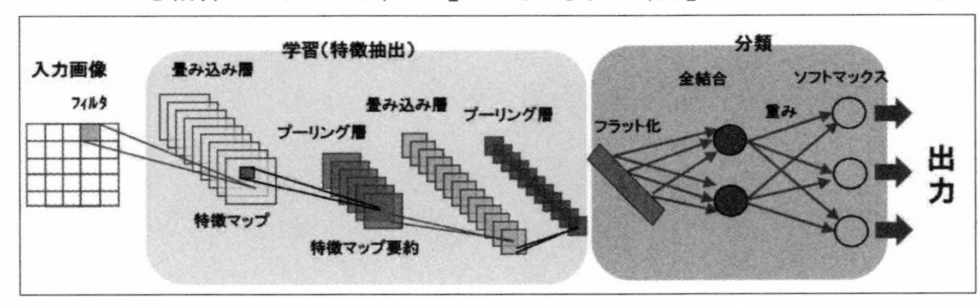

畳み込みニューラル・ネットワーク

再帰型ニューラル・ネットワーク(RNN)

「CNN」は、一般的に、入力された順番に次々と進めてデータを処理します。

それぞれのデータは、それぞれバラバラに処理されるため、「順番」や「時系列」は問われません。

各々のデータは、言わば「同時」に処理されています。

*

それに対して、「**RNN**」(**Recurrent Neural Network、再帰型ニューラル・ネットワーク**)は途中に「ループ」を組み入れることで、情報を「再帰」させて前後のデータのつながりを検討できるようにし、時系列でつながっている物事や順番を把握できるようにしています。

話の流れや文脈、文章の前後のつながりなどが重要になってくる自然言語処理をする場合や、画像や動画処理などでも有効です。

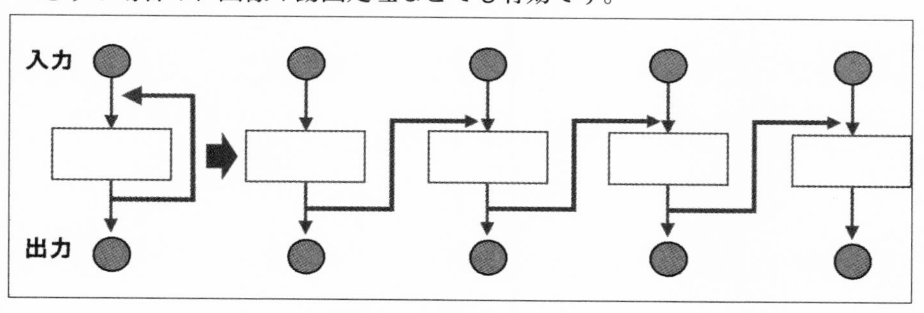

再帰型ニューラル・ネットワーク

長期短期記憶(LSTM)

「RNN」は常に「ループ」を行なうことから、入力されたデータがすべて記憶されてしまいます。

実際にはこの中には不要なデータもあり、それらを保持しても処理の時間も分量も増えるばかりです。

そこで、不要なデータを消去する仕組みを「RNN」に加えたのが「**LSTM**」(**Long Short Term Memory、長期短期記憶**)です。

「LSTM」は、必要なデータを「長期記憶」し、不要なデータを「短期記憶」したのち消去する、という仕組みをもっています。

これは人間が脳で行なっていることと同じような仕組みとなっており、「短期記憶」は「忘却」を意味します。

天気予報や株価予測など、「RNN」よりも長期にわたる予測や分析などに威力を発揮します。

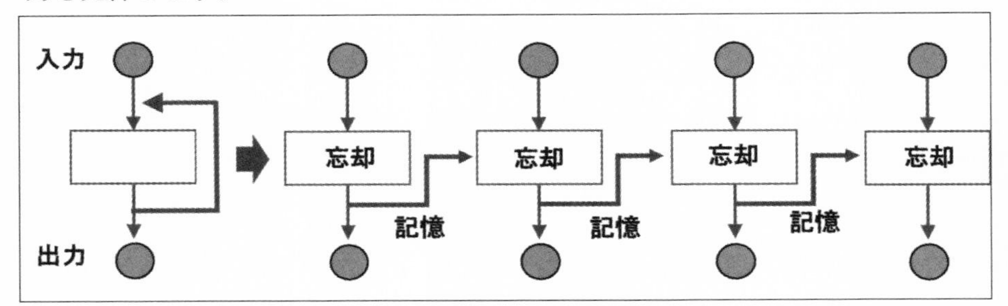

長期短期記憶

■シミュラークルの時代へ

21世紀に入り、コンピュータの処理スペックの高速化や大容量化、無線通信ネットワークの整備、ハードの小型化、充電や給電技術の向上など、総合的に環境が整った中で、2006年に「ディープ・ラーニング」が登場しました。

2012年に行なわれた画像認識コンテスト「ILSVRC」で「ディープ・ラーニング」を用いたAIが圧倒的な認識精度で注目を浴びたことで、「第三次AIブーム」(2000年代後半〜)がはじまり、今日に至っています。

このように、人間がAIに求めたのは、人間と同等というだけでなく、「人間が見つけたり作り出したりできないような成果を出すこと」でした。

こうした「機械学習」の中でも、今最も開発が進んでいるのが「ディープ・ラーニング」です。

「ディープ・ラーニング」は、テキストや音声、画像など、「生成AI」の対象にもっとも適したアルゴリズムと考えられています。

「機械学習」は前もって人間が「教師あり学習」を通じて人工知能に提供していた回答を参照して「予測」していましたが、「ディープ・ラーニング」は人間からそうした情報を提供されなくても、ただ集められた情報だけを手掛かりに自力で「予測」できるのです。

「強化学習」と「ディープ・ラーニング」の違いは、学習過程で人間の指示を必要とするかという点にあります。
「強化学習」では、AIが何を学習するかを決めるのは人間であり、あらかじめ学習するデータを与えなければなりません。
一方、ディープ・ラーニングは与えられたデータを参照して自ら学習すべき要素を発見し、試行錯誤を繰り返します。

*

このように「生成AI」はこれまでの人工知能と異なり、まさしく情報の「生成」が可能であり、単なる「コピー」ではなく、それらしい「オリジナル」を生み出すことができます。
しかし、この「オリジナル」か「コピー」かという考え方は「生成AI」には適用できません。
「コピー」でも「オリジナル」でもなく、言わば「**オリジナルなきコピー**」を生み出している、と言えるでしょう。

「オリジナルなきコピー」とは、20世紀末に活躍したフランスの哲学者ジャン・ボードリヤールが示した考え方で、これを「**シミュラークル**」と呼びます。

ボードリヤールの時代には「生成AI」はありませんでしたが、高度消費社会の分析を行なう中で、生産と消費、作者と読者、事実と虚構、といった従来の分け方が次第にできなくなっていることを突き止めていました。

今なら「二次創作」「三次創作」がすでに「オリジナル」化していたり、フェイクニュースのほうが、ある意味では真に迫っているように感じられることから考えても、やはり21世紀は「シミュラークルの時代」に突入しているととらえるべきでしょう。

「生成AI」はその中で、生まれるべくして生まれたのです。

「人工知能」の活用

「生成AI」以前の「人工知能」の実用化の過程を、具体例をもとに振り返ります。

最初に、「将棋」などの「対戦ゲーム」、続いて、「ヒューリスティック検知」などの「ウイルス対策」、そして「シーマン」や「ボーカロイド」などの「音声認識エンジン」と「スマートスピーカー」、最後に、センサやアクチュエータを伴う「自律走行車」(スマートカー)について説明します。

2-1 「対戦型ゲーム」と「人工知能」

「人工知能」の実用化の歴史を振り返ろうとすると、最初に思い浮かぶのが「**AI将棋**」です。

まだ「人工知能」が何であるのか、よく分からない時代に、はっきりと「AI」のイメージを私たちに植えつけたと言えるでしょう。

■「人工知能」の登場

「人工知能」(Artificial Intelligence)という言葉が世の中にはっきりと姿を現わしたのは、1955年にジョン・マッカーシーがダートマスでの国際会議の提案文書を公表したところから、というのが通説です。

後に「人工知能の父」と呼ばれるようになるマッカーシーは、このときから「コンピュータに人間の知識を搭載し、その知識を使って推論する」「**思考する機械**」に焦点をあてて研究を進めていった、とされています。

つまり、コンピュータが、ただ計算処理やデータの保存をするだけではなく、それ以上のことができるようになる可能性が探られたわけです。

とは言え、マッカーシーが目指したのは、厳密には、「人間とまったく同じことができるようになること」ではなく、人間や動物、そして機械にも内在している、「目標を達成することのできる『計算能力』を高めること」にありました。

この場合の「計算」という言葉は、単に四則計算をして終わるものではありません。

もっと高度な計算能力(世の中のさまざまな事象の状況や環境を把握し、かつ、どのような対応をしたらいいのかを推論したり予測したりする能力)を追求することが、「人工知能」の当初の目標だったのです。

*

しかし、すでに1950年にアラン・チューリングは、コンピュータが人間とチャットしていてもコンピュータであると気づかれないくらいの知能をもつことを想定して、「**チューリング・テスト**」という思考実験を提唱していました。

厳密に言えばチューリングは「人工知能」という言葉を使ってはいませんでしたが、ここでは、人間の知能と同様に振る舞うコンピュータの開発可能性が示唆されていました。

つまり、「AI」という言葉はマッカーシーが、そのコンセプトはチューリングが、それぞれ発端となっている、と言えるでしょう。

実際のところ、現在の「生成AI」とチャットしていても、それがコンピュータであると「気づかない」ことが多々あります。

そのことから考えると、すでに人工知能のレベルは人間の知能に到達しつつある、と言えるのかもしれません。

*

それから、あともう一人、「AI」が実際に「AI」としてこの世に登場するうえで忘れてはならないのは、1957年に神経細胞の働きを模した「パーセプトロン」を考案したフランク・ローゼンブラットです。

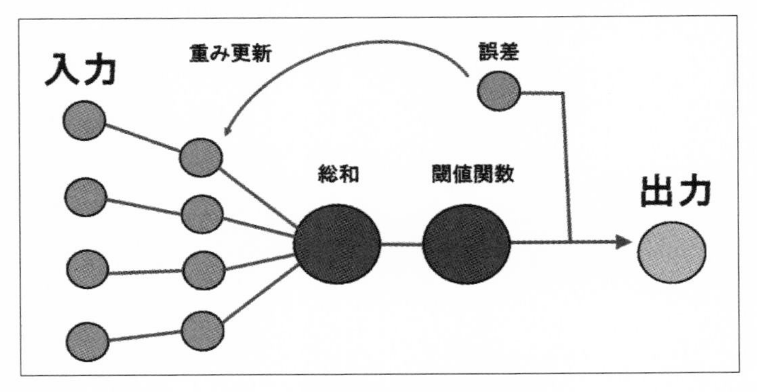

パーセプトロン

複数の入力回路から入ってくるデータをうまく処理して、一つの出力回路に最適な解をアウトプットするという、言わば、生き物がふだん当たり前にやっていることが、AI開発の初期から組み込まれていたことは、非常に大きな意味をもっています。

「人間の『知能』がどういうものか」ではなく、「どういった回路で『知能』的なものが作られているのか」に焦点をあてたことで、「生成AI」に至る、その後の開発の具体的な脈路を切り拓いたのです。

*

こうして、1950年代後半に華々しく「第一次AIブーム」が訪れます。

ところが、一部の分野ではその効果が発揮されるのですが、当時の技術や環境ではそれ以上に広がることができず、しばらくするとブームは過ぎ去り、1970年代には「冬の時代」を迎えてしまいます。

●「強いAI」と「弱いAI」

その後、「第二次AIブーム」のさなか、「AI」について定義づけるとともに問題提起を行なったのが、米国の哲学者であるジョン・サールです。

サールは、「心の哲学」を展開したことでよく知られていますが、1980年には「**強いAI**」と「**弱いAI**」といった区分を発表しています。

*

大前提として、コンピュータには脳に必要な「**意図性**」と「**因果関係の力**」がないため、「理解」や「意識」をはじめとした「心的現象」を単なる計算に還元することはできない、とサールは考えていました。

サールは、人間のように「意識」をもっていたり「意味」を理解することを前提としたような「心」をもったAIは実現不可能であると考え、これを「強いAI」と呼び、一方で、ある特定の能力や分野だけに限定し、人間のしていることの一部に対して、ほぼ同等のことができるような「弱いAI」は、そのうち実現すると考えていました。

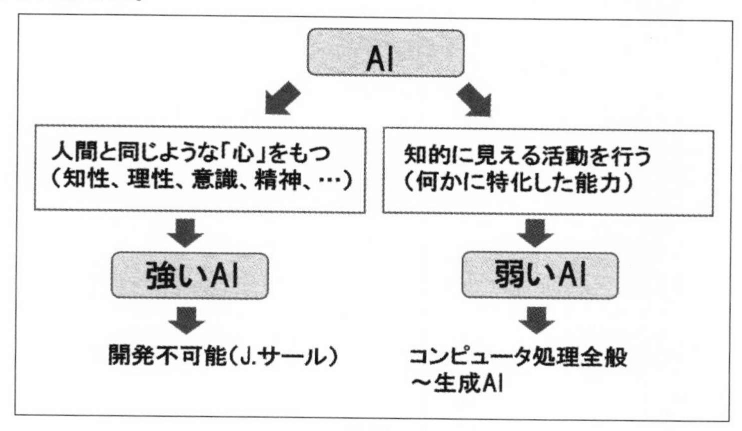

「強いAI」と「弱いAI」

*

実際、「強いAI」は、たとえば、1952年に登場した『鉄腕アトム』(手塚治虫)や、1969年に登場した『ドラえもん』(藤子不二雄)のように、フィクションの中では、華々しく活躍するものの、現実世界においては、少なくとも当面その姿を現わすことはなさそうです。

※余談ですが、映画「ブレードランナー」を1980年代に劇場で観たときには、いつか人間と同じような知性をもち、外見も人間とまったく変わらない「レプリカント」が登場するのではないか、と期待していましたが、2020年代に入ってもまだ、その気配はありません。

*

一方で「弱いAI」については、以下で見ていくように、着実に開発が進められてきて、その足どりを辿ることができます。

つまり、AI開発のこれまでの多くの場合においては、総合的に「人間の心」をもつような「強いAI」は直接的な目標とはされず、必要なことに役にたつ「道具」となりうるような「弱いAI」を、各々の局面で活用することを目指してきた、と言えるでしょう。

しかし、そうこうしているうちに2020年代に「生成AI」の実用化があっという間に進んでおり、もしかすると今、「強いAI」への扉が開きつつあるのかもしれません。

■「AI将棋」の衝撃

「AI搭載の対戦ゲーム」は、最初は「コンピュータ・ゲーム」という括りで1970年代後半に登場しました。

*

1980年代は、喫茶店やゲームセンターには、麻雀、ポーカー、競馬など、賭け事の「コンピュータ・ゲーム」が数多くありました。

また、賭け事以外の「対戦ゲーム」にも、チェス、オセロ、将棋、囲碁など、いろいろあります。

その中で、コンピュータと対局する「ソフトウェア」として人気を博したのは「将棋」でした。

1983年に、PC-6001シリーズで動作する「将棋対局」が登場したほか、その後、さまざまなバリエーションのソフトウェアが発売されます。

その中でも、2001年の「AI将棋」は、製品名に「AI」が入っていることから、多くの人の興味を惹きました。

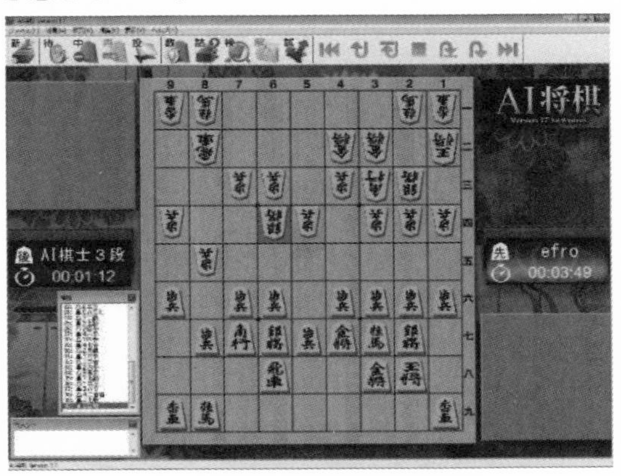

人工知能搭載の将棋ソフト「AI将棋」

「将棋」と言えば、何よりも「知能」の勝負であることは、一般的によく知られていることです。

限られた時間の中で、先の手を読みながら一手ずつ決めていく流れは、「対話」と一緒で、常に相手の一手をふまえて次の一手を決めていきます。

その都度その都度、選択肢が数多くあるわけですが、目的(ゴール)は相手の「王将」をとることであり、そこに至るまでの無数の選択肢・分岐を一つ一つ検証して、最善と考えられる手を実行しているわけです。

*

コンピュータがこうしたゲームの指し手となって人間と対決するのが、「AI将棋」です。

しかし、当時の「AI」は、今の「生成AI」のような自然言語処理ができるわけではなく、かなり限られた能力しかありませんでした。

「将棋盤の移動可能な場所」「各駒の特性と数」「初期の配置」「相手からとった駒の使い方」「勝敗」「千日手への対応」など、いろいろな条件やルールを教え込み、パラメータ設定としては、「何手先まで読めるのか」「どういった攻撃・守備スタイルを主にとるのか」など、将棋の対局が成立するうえで必要なものに限られていたのです。

●「全幅探索」と「選択探索」

将棋以外の「コンピュータ対戦ゲーム」としては、チェスが将棋よりも少し早く1960年代から開発され、1980年代にはプロを破り、1990年代には王者を破っています。

このときから用いられているのは「**全幅探索**」という手法です。

「最初の一手」から「チェックメイト」まで、ルール内でありうるすべての手を検討して最善の手を選択していく、というものです。

また、オセロについては、「世界初！人間とコンピュータがオセロ対決」という新聞の見出しが出たのが、1977年8月7日(毎日新聞朝刊8月9日)のことでした。

当時の電電公社（現・NTT）の大型コンピュータに、室谷正芳が「10の60乗の"手"を記憶した」というソフトウェアを組み込んだものです。

「第五回 全日本オセロ選手権大会」（日本オセロ連盟主催）が開催され、「コンピュータ代表」が連盟会長ら強豪と対戦したところ、20勝8敗という結果を残しました。

*

これもまた、「全幅探索」を用いたものでした。

「全幅探索」は手数が多くなればなるほど、計算処理の量と時間が累乗的に増えます。

そのため、チェスやオセロには有効であっても、当時のコンピュータのスペックでは、囲碁や将棋にそのまま適用するのは難しく、当初は**「選択探索」**が用いられました。

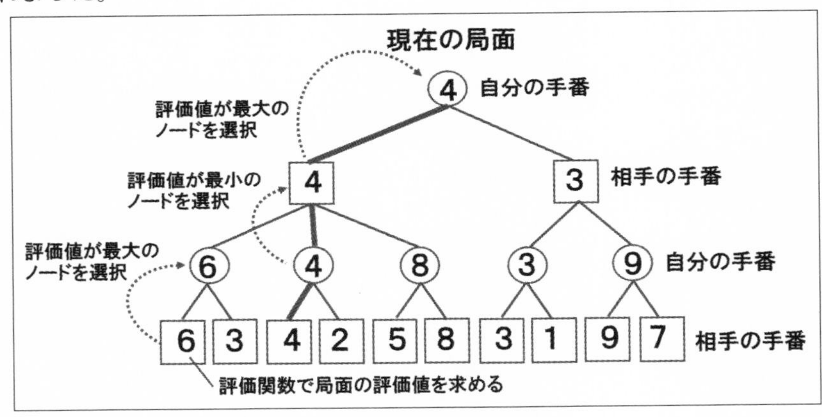

全幅探索

将棋の場合、「一手目にどこを動かすのか」「四間飛車などの攻めのパターン」「嚢囲いなどの守りのパターン」など、戦略に沿った手順があるので、それを優先的に調べ上げる「選択探索」が主に利用されてきました。

さらにはその後、こうした「選択」が「全幅探索」でも可能ではないかと考えられ、「機械学習」の考えが採用されていきます。

「機械学習」を応用した「全幅探索」とはどういうものかと言うと、「あらゆる手を計算する」という前提をとりながらも、ある程度の手を計算した時点で明らかに自分になるような手などは省略してしまい、「可能性の高い候補を選び出し、集中的に検討する」というものです。

すべての手を調べ尽くさなくても、正しく「局面を読む」ことで、どの手を選べば「勝ち」に至る可能性が高まるのかを判断できるようになります。

つまり、「局面を読む」作業こそ「機械学習」なのです。

＊

しかし、最初から探索する領域を限定する「選択探索」は、結果的には、選択しなかった領域における可能性をばっさりと切り捨ててしまうことから、ある程度のレベルまでは勝利できても、高次元の勝負の場合には相手である人間になかなか勝てずにいました。

また、より手数の選択肢が多く、かつ最終的な「勝ち」が複雑な囲碁においては、こうした「機械学習」に加えて、評価関数といった確率論の考えを組み入れられ、能力が向上していきます。

そして、その後、「ディープ・ラーニング」の手法が入ることで、ついに人工知能は人間(プロの王者)を負かすに至ります。

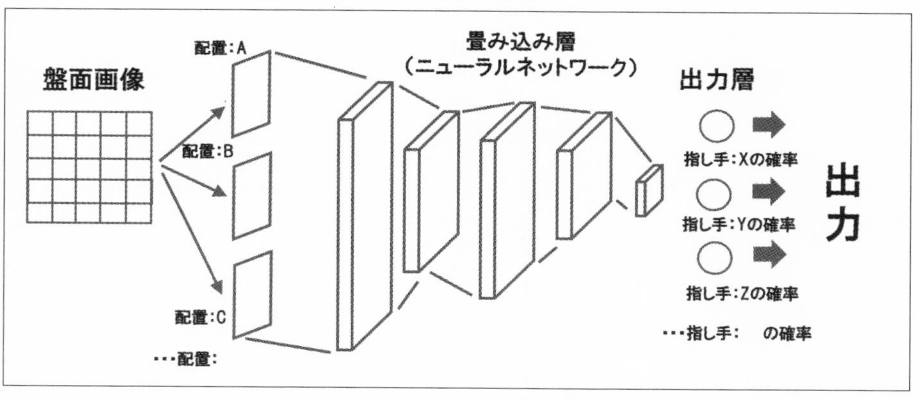

「ディープ・ラーニング」による将棋の指し手の出力

＊

もちろん「ディープ・ラーニング」でも「探索」は行なうものの、「局面評価」の代わりに「ニューラル・ネットワーク」による確率論的予測を行ないます。

すでにここでは「手順」の探索をしているのではなく、各駒の配置を「画像データ」としてインプットし、勝利までの局面の画像の変化を学習し、指し手の手の優先順位を確率論的に予測計算する、というやり方に変わっています。

●不完全情報ゲーム

これまで見てきた、チェスやオセロ、将棋、囲碁といった「対戦ゲーム」は不確定要素をもたず、あらゆる手順やルールがはっきりと見通せる「**完全情報ゲーム**」でしたが、麻雀やポーカーなど、ギャンブル系のゲームは、同じ対戦であっても相手の手札や配牌が分かりません。

これを、「**不完全情報ゲーム**」と呼びます。

こうした「不完全情報ゲーム」の研究とAI開発も着々と続けられており、特にポーカーについては「強化学習」とディープ・ラーニングを組み合わせた方式で、すでに高い勝率を誇っています。

*

また、麻雀も日本マイクロソフト社が開発した「Suphx」がプロレベルの腕前になったという話題が2019年には出ています。

麻雀は、4人による対戦でお互いの手持ちの牌は隠されている一方、切った牌は公開され、それを「ポン」や「チー」「カン」することにより自分の「手」にすることができ、さらには「ドラ」や「リーチ」や「ツモ」など、役や上がり方も多岐にわたり、人間でも戸惑うほどゲームとしては複雑です。

何よりも「不完全ゲーム」は、「知っている情報」よりも「知らない情報」が多い中で勝たねばならず、しかも配牌など「運」にも大きく左右されるため、「ディープ・ラーニング」の技術が不可欠です。

さらに、「勝ち負け」だけでなく「賭け」の要素もあることから、「報酬」を前提とした「強化学習」の技術との相性は抜群です。

つまり、「不完全情報ゲーム」の領域においても、「ディープ・ラーニング」や「強化学習」などの活用によって、着実に「人間」の「知能」と並んできている、と言えるでしょう。

そして、この分野の研究は、「自律走行車」の技術への応用が期待されています。

*

ただし、こうした技術開発がギャンブルや投資の方面につながっており、利用者への利益や損害が大きいことや、そもそも賭けが成立するのかなど、社会にもたらす影響は、きわめて大きくなることが予想されます。

はたして私たちはどのように対応すべきでしょうか。

2-2 「音声認識エンジン」から「スマートスピーカー」へ

「音声」に対する人工知能の活用については、その前史として、語学トレーニングのソフトウェアなどで開発されていた「**音声認識エンジン**」があります。

その後、「**スマートスピーカー**」が生み出され、2017年頃から本格的に市場が形成されました。

■「合成音声」の普及

音声に関わるAI開発を遡ると、まずは、「**合成音声**」に行き着きます。

「合成音声」の使い道は、「アナウンス」や「ガイド」のほか、「歌声」「楽曲」まで多岐にわたります。

ただし、「合成音声」と言っても境目が難しく、

---

①人間の声を録音して編集したもの
②人間の声に機械処理を施したもの
③完全に機械処理によって生成されたもの

があります。

*

①は、部分的には自然ですが、つなぎの部分があるため、「抑揚」や「全体の流れ」に違和感があることから「合成」であるとみることができます。

「次の駅は」「A」「B」「C」「です」といったように、ブロックごとに区切って録音されたデータを編集して利用します。

②は逆に、不自然であることが前提であり、たとえば音楽の世界では「ボコーダー」として利用されてきた歴史があります。

「クラフトワーク」や「YMO」に代表される「テクノポップ」など、まるでロボットが(すなわちAIが)声を出しているかのような効果を狙っていました。

③は、開発当初は「合成」感があり、一音ずつ抑揚なく「ワ・タ・シ・ハ・ロ・ボッ・ト・デ・ス」という、典型的なロボット音声からスタートしました。

これを「ワタシ・ハ・ロボット・デス」と区切って、それぞれの音声を登録し順に出力すれば、少なくとも単語自体のイントネーションは再現できますが、「ワタシハ」とまとめて発声するところを2つに切ってしまうことから、「ワタシ」と「ハ」のつながりが悪く、やはり、人工的な音声に聞こえてしまいました。

そのほか、「疑問文の場合の抑揚」とか、「句読点以外のところの間のとり方」とか、工夫すべきところは多々ありました。

つまり、現在のように、なじみやすい音声で発話や対話が行なえるようになるまでには、数多くの開発ポイントが存在していたのです。

●「合成音声」の技法

録音した音声を編集するのではなく、先にテキストデータがあり、それを読み上げる技術は、大別すると、①**規則合成**、②**コーパスベース合成**、に分けられます。

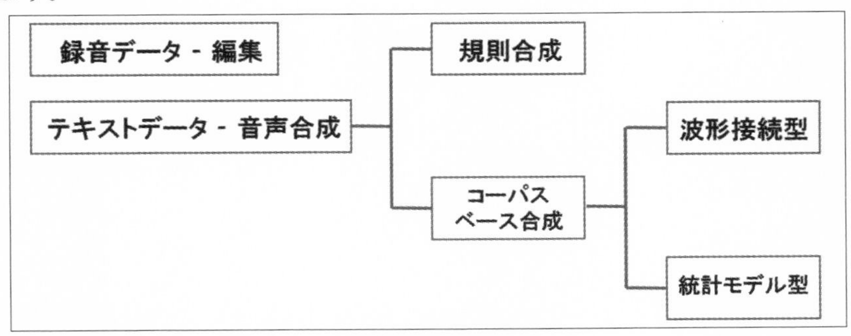

合成音声の技法

＊

入力された文字列をそのまま「合成音声」によって読み上げる方式が「規則合成」です。

これまでウェブやソフトのテキストの読み上げ機能として使われてきましたが、「AI技術」と言えるものではありませんでした。

他方、「コーパスベース合成」は、その名のとおり、音声とテキストのデータベースを用意し、統計処理によってかなり滑らかな音声を生成します。

そのまま録音された音声を波形編集して利用する「**波形接続型**」と、もっと高度にAIに「音声の特徴量」を学習させてモデル化し、テキストをインプットすると内容に応じて適切な音声をアウトプットする「**統計モデル型**」があります。

つまり、聴覚情報を、「構造化」を行なうことでAIに読み込ませるデータとしているのです。

数ミリ秒ごとの周波数データに変換することによって、話している内容をテキストデータとして生成できますし、声の特徴から個人を特定することも可能となっています。

また音楽データの中の「音階」や「コード」を判別したり、「楽曲名」を判別するなどして構造化データを生成できます。

■「音声認識エンジン開発」と「人工知能」

AIにおける音声の活用においては、「発声」だけでなく「聞き取り」をはじめとした、さまざまな技術の開発が必要不可欠でした。

そのポイントは大きく分けると、①「**聞き取り能力**」(入力された音声データを文字データに変換する)、②「読解能力」(変換された文字データの内容や意味を理解する)、といった「インプット」の次元と、③「**作文能力**」(インプットされた音声データの内容や意味をふまえ回答や返事を作る)、④「**発話能力**」(作った回答や返事を音声データに変換して適切な発音やイントネーションで出力する)、といった4つになります。

*

このうち、①と④、②と③は、それぞれ処理の方向が逆ですが、同じ工程をもっています。

当初は、このうち①の部分が特化され「**音声認識エンジン**」として開発が進みました。

②は「音声」の次元としてではなく、「言語」の次元として「**機械翻訳**」が開発されます。

③はこの中では最も開発が困難でしたが、「生成AI」の時代に入り、一気に実用化が進みました。

④は先述したように「合成音声」の開発にはじまり、「スマートスピーカー」の実用化において進化が進んだものです。

＊

次に、①の「音声認識エンジン」の仕組みについて見てみましょう。

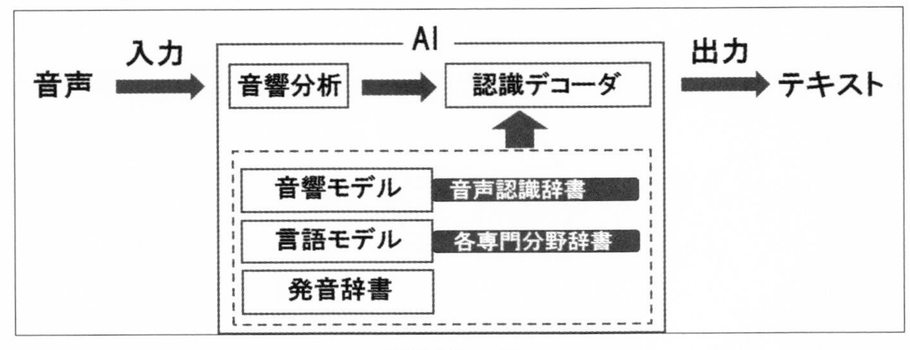

音声認識エンジン

●「音声認識エンジン」の活用

2000年代における「語学トレーニングソフト」には、パソコンのマイクを通して決められた文章を読み上げると、得点で評価が出てくるという機能がありました。

＊

たとえば、2005年には「声に出して覚える英会話」が発売され、

> 音読学習法による英会話学習ソフトの入門編。本プログラムでは、音読を中心としたトレーニングを通じ「読む」「聞く」「話す」力を強化し、英語の基礎回路を作る。音読を活用した英語トレーニングメソッドと音声認識システム「AmiVoice」を融合し、自己学習を支援する。

と説明されています。

Ami Voice搭載語学学習ソフト

この製品には、入力された音声に対して、「正しい発音」や「正しいイントネーション」の波形を照合して、どのくらい相違があるのかを調べ、得点で評価するという機能がありました。

この機能を裏返しにすると、コンピュータ側のデータベースにテキストのみならず、音声情報を意味内容とつなげられるようにする基礎ができていた、ということになります。

*

もちろん、語学学習以外にも、「音声認識エンジン」はいろいろなところで活用されていました。

その典型例が医療現場で、外科手術のプロセスを発声することによって、音声認識に聞き取らせ、そのまま文字化してカルテを作る、というものです。

国内では「Ami Voice」が各方面にAPI提供しており、早くから話題になっていました。

そのほか、IBMの音声認識エンジン「WATSON」は2010年代中盤にコールセンターで利用されるようになり、次第に実力を上げていきました。

そして、2010年代に入ると、ニュアンス社のGCPがiPhoneの「Siri」や「Pepper」で用いられるようになったことによって、一気に「音声認識エンジン」はスマート化していく道を歩みます。

●対話型音声認識エンジン

ここで、少し話が逸れるように思われるかもしれませんが、かつて電話サービス(当時の「Q2」)に、とても興味深いものがありました。

＊

いわゆる「アダルトコンテンツ」なのですが、何か質問をすると何か答えが返ってくるもので、ただ録音されたデータがそのまま流れるのではなく、何らかの選択があって数ある音声データの中から、適切と考えられる「返事」を相手に返す、というものです。

初期型はそれほど精度が高くなく、見当違いの「返事」が多かったのですが、むしろ、そうした「食い違い」を楽しむのが、このサービスの妙味だったのではないでしょうか。

こうした対話型の音声認識エンジンをエンタテインメントに振り切った形で搭載したのが、1999年に発売された「シーマン」です。

シーマンというサカナの人工生命に話しかけると、皮肉や変なことを言うことから、当時、一風変わったゲームとして大いに注目されました。

当時はまだAI技術が成熟していなかったため、自然言語(日本と英語)をある程度しか理解できず、「食い違い」が起こるのが当たり前だったのですが、逆転の発想で、むしろ意図的にそのズレや違和を楽しめるように会話内容や対話の展開を工夫したのです。

「ルールベース方式」を中心としていながら、「虫」と「無視」や「雨」と「飴」といった同音異義で抑揚の異なる言葉をあえて聞き間違える仕組みになっていたり、まっとうなコミュニケーションを前提としないことで、当時の技術的限界に立ち向かっていました。

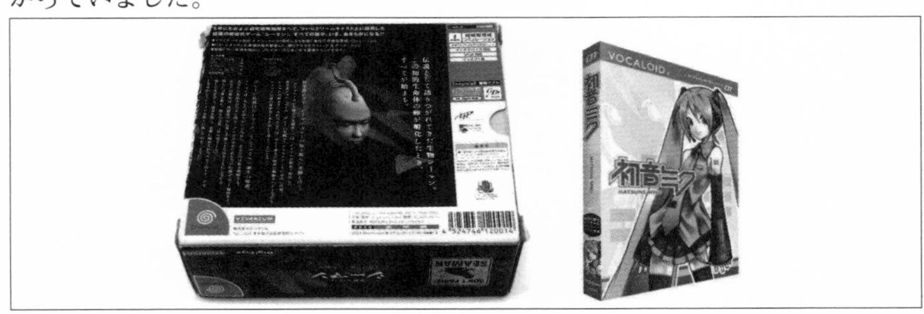

「シーマン」(右)と「初音ミク」(左)のパッケージ

■音声出力技術

一方、出力側の音声の開発も進み、典型的な「機械音声」ではない、個性のある「機械音声」をそのまま「個性」として打ち出し、商品化する動きが現われます。

代表例が、「歌声合成エンジン」を搭載したソフトウェア、「VOCALOID2 初音ミク」(2007年)です。

これは言わば「音源」のようなもので、声優の藤田咲の声と「初音ミク」というキャラクターが先にあり、その音声をユーザーは自由に使うことができます。

「個性」をつけることができるくらいに、アウトプットする音声やイントネーションのコントロールができるようになっているわけです。

「初音ミク」による楽曲制作のプロセス(PV作成まで)

制作手順	必要なツール
①作詞・作曲	楽曲制作ソフト、楽器などで作曲
②伴奏各パート録音	楽曲制作ソフト、楽器などで各パートを制作
③ボーカル録音	VOCALOID Editerに歌詞とメロディを入力
④ミキシング(②+③)	ボーカルデータを楽曲制作ソフトなどに入力
⑤映像制作	ビデオ編集ソフトなどで楽曲に合う映像を制作
⑥ミキシング(⑤+⑥)	ビデオ編集ソフトなどで編集

*

操作の流れとしては、作った楽曲を「初音ミク」が歌うのを聞くことができるようになるのは④のところで、⑥まで進むとPVが出来上がります。

当初は、この製品が何であるのか、なかなか理解されずにいましたが、実際に「初音ミク」を使って作られた作品に触れる機会が増えると、何か新しいことがはじまっていることに気づく人が多くなっていきます。

その結果、「ボーカロイド」部分と「歌声ライブラリ」部分が分けられ、多様な「音声」が利用できるようにもなりました。

こうした行程は、言ってみれば、自分が作詞・作曲・編曲した楽曲をお気に入りの歌い手に歌ってもらうことと等しく、かつてはごく一部の人にのみ許されたものが、今や、ソフトウェアを購入するだけで贅沢な創作行為にかかれるわけです。

なお、ボーカロイドがこれほどまでに人気を博したのは、その技術の新しさもちろんありますが、それ以上に、「二次創作」の自由な利用（公序良俗に反しないなどいくつかの制約はあります）を、著作権者である開発元が認めている点にあります。
まさしくここでも「シミュラークル」が起こっているのです。

■「スマートスピーカー」の機能と仕組み

このように、聴覚情報へのAI活用としては、音声をインプットして文字化したり、正しい発音かどうかを判定するような技術と、合成した音声をアウトプットする技術がそれぞれ展開していきました。
この両者が結実したのが、「**スマートスピーカー**」です。

言うまでもなく「スマートスピーカー」の「スマート」はAI搭載を意味します。
音声を出力するスピーカーと入力するマイクとを組み合わせ、人間の発するメッセージ内容をAIで把握し、音声で返答をしたり、要求された操作を行なったりすることが可能です。

具体的には、音声による対話をしながら、希望に沿った楽曲をソートして再生したり、ネットワークを組んでいる他のスマート家電の設定を替えたりするわけですから、かなり頼もしい存在であると言えます。

●「AIアシスタント」の仕組み

スマートスピーカーで用いられている基本仕様は、「**AIアシスタント**」と呼ばれています。

＊

「AIアシスタント」は、まず、マイクに入ってくるさまざまな雑音や環境音と自分へのメッセージの仕分けを行ないます。
「ヘイ、シリ」など、それぞれの決められた「呼びかけ」を聞き取ると、音声への対応を開始。
呼びかけた人物の音声を特定したうえで波形データへと変換し、「音声認識エンジン」によってテキスト化して、内容を把握しやすくします。

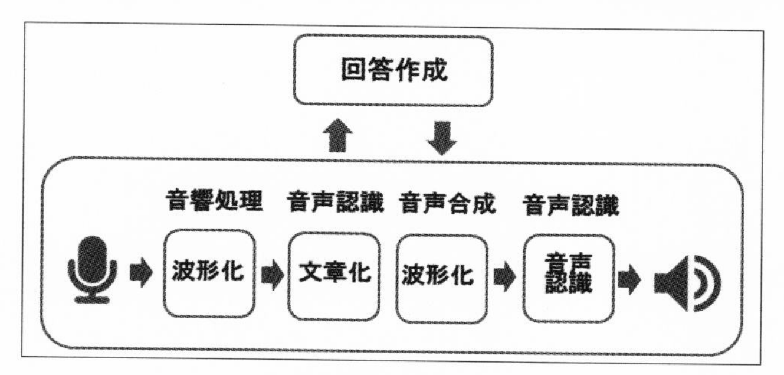

音声の「AIアシスタント」

続いて、そのテキストデータをインターネット経由でサーバへ送り出し、内容を解析。

AIは、ふさわしいと思われる回答をアウトプットし、再びインターネットを通じてデバイスに送り出します。

デバイスは送られたデータを音声に変換してスピーカーから出力するわけです。

*

なお、Appleが2011年に「Siri」を、Microsoftは2014年に「Cortana」を「AI音声アシスタント」としてパソコンに搭載しましたが、それはあくまでも「読み上げ機能」を中心としていました。

それに対して「スマートスピーカー」は、AppleやMicrosoftよりもAmazonが2014年に、Googleが2018年に先鞭をつけたのですが、このあたり、先端IT企業の主力製品が「コンピュータ」から別のものに変わりつつあることを印象づけました。

ちなみに、LINEも2017年から「スマートスピーカー」の「CLOVA」を発売していましたが、2022年には販売を終了し、その「音声アシスタント」である「CLOVA Assistant」も2023年に停止してしまいました。

各社の音声アシスタントとスマートスピーカー

	AI音声アシスタント	スマートスピーカー
Amazon	Alexa(2014年)	Amazon echo(2014年)
Google	Google Assistant(2016年)	Google Home/Nest(2016年)
Microsoft	Cortana(2014年)	Invoke(ハーマン・カードン、2017年)
Apple	Siri(2011年)	HomePod(2018年)

AIスピーカー(左から、HomePod、Google Home、Amazon Echo、Invoke)

●セキュリティ上の課題

こうした「スマートスピーカー」において、まだ解決していない課題としてあがっているのが、「**プライバシーのセキュリティ**」です。

各デバイスは、デフォルトではすべての音声を聞き取っており、その中から「**ウェイクワード**」が発せられるのを待っています。

その間、マイクをオフにしていなければ、24時間、デバイス付近の音声は一度、クラウドに吸い上げられています。

もちろん、各社にそのデータを悪用するつもりはないと思いますが、本当のところ、さまざまな活用を考えることができます。

ユーザーにとっては利便性が上がるわけですから、一方的に否定的にとらえることはできないと思いますが、かといって、安全性の見地からは、単純にそのまま利用しても大丈夫と言い切れるものでもありません。

開発側は、盗聴や傍聴の危険性がなくても、デバイス付近での独り言や会話などが一度データとして記録されるという事実に、もう少し敏感になってもいいと思います。

*

こうした問題は、もっと先を見越して言えば、「スマートスピーカー」の先として、テレビやパソコン、スマホなど、他の日常デバイスにも、「生成AI」によるスマート化が進む中で、さらに問題が深刻かつ複雑になると考えられます。

特にモニタカメラを搭載するデバイスは、常に映像データをクラウドに送り続けるおそれがあります。

そうなってくると、街中や施設に設置された監視カメラ以上に、私たちの挙動が事細かに記録され、そこからさまざまな分析が可能になってきます。

この点については、まだ、最終結論は出ていませんが、少なくとも「スマートスピーカー」を前にして私たちは、その多くの利点とともに、多くの難点も想定して活用すべきでしょう。

2-3 ヒューリスティック・エンジン(ウイルス対策)

セキュリティ、特に「アンチウイルス」の世界では、1990年代ごろより「人工知能」の導入が行なわれていました。

当時は「**ヒューリスティック・エンジン**」という言葉で説明されていましたが、今では、「機械学習による検知技術」と言ったほうが、通りが良くなりました。

■「ウイルス対策ソフト」と「人工知能」

「生成AI」ブームのせいでしょうか、最近は「ウイルス対策ソフト」の世界でも、華々しくAI搭載をうたう新規ベンダが現われてきました。

＊

もちろん、これまで20年以上にわたってセキュリティの研究を続けてきた専門家たちは、早い段階からAI、とりわけ「機械学習」の技術に注目するばかりか、すでに20世紀末のうちに「**ヒューリスティック**」や「**フィルタ**」といった名のもとに製品に組み込んできました。

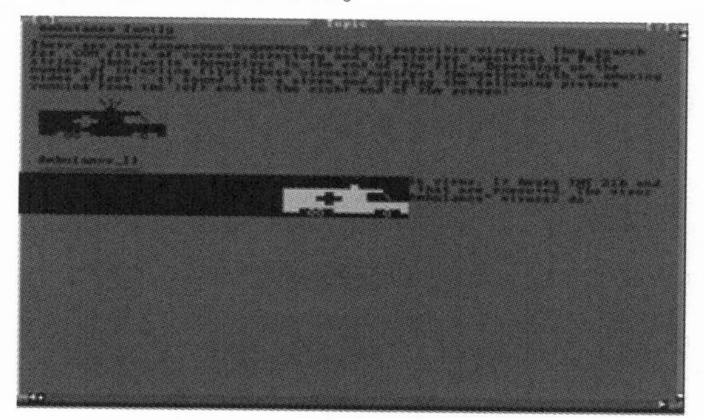

ウイルス感染画面の例(最初期)

●シグネチャ方式

ウイルス対策ソフトは1980年代後半に誕生しました。

その初期モデルは、端的に、これまで発見されたウイルスのデータベースを構築し、まったく同一のコードをもっているかをデータベースに照会することによって、そのファイルが不正プログラムなのかどうかを判定していました。

これを「**シグネチャ方式**」と呼びます。

「シグネチャ方式」でできることは、すでにこの世に登場したウイルスをいちはやく正確にデータベースに組み込んで検知することでした。

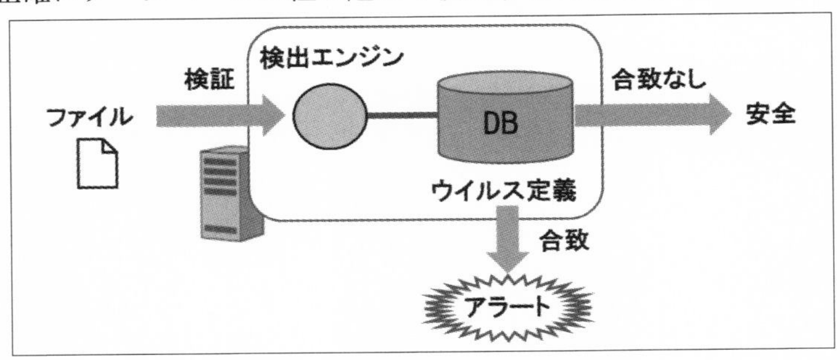

シグニチャ方式によるウイルス検知

そのため、①とにかくデータベースを充実させること、②新たに発見された脅威に迅速に対応すること――が性能の重要な鍵を握っていました。

*

ところが、ウイルスの数は年々増すばかりか、亜種が爆発的に増加しはじめると、データベースが大きくなってしまい、検索や判定するのに時間がかかったり、パソコンの動作を重くしてしまうといった事態が発生するようになります。

また、亜種や最新のウイルスにも直ちに対応できるようにするために、インターネットを通じて頻繁に「シグネチャ」をダウンロードする仕組みを充実することにも対応しなければならず、結果としては通信トラフィックが増え、利便性や軽快性が下がってしまいました。

ウイルス対策は、検出率を高くしようとすると、どうしてもパソコンに負荷がかかり、安全性を重視すれば、ふだんの操作性に影響を与えてしまうという、大きな矛盾を抱えてしまうのです。

●「ヒューリスティック」の活用

こうした現実的課題を克服するうえで、非常に役立ったのがAIであり、「ヒューリスティック・エンジン」です。

*

「ヒューリスティック」は、良い訳語がないので説明調になりますが、「はっきりとした答がなくても、経験的に疑わしいかどうかを判定(分類)する技術」です。

統計処理における「ベイズ理論」に基づいたフィルタリングであり、当時はあまりAIという概念で説明されることはありませんでした。

「シグネチャ方式」のように、あらゆるウイルスのデータベースをもつ必要はなく、不正プログラム全般、すなわち「マルウェア」に含まれる特徴の細かな分類と重みづけが用意されています。

単純化して言えば、「怪しいと思われる点が多ければマルウェアとみなす」という手法です。

特に、「新種」や「亜種」のマルウェアの検知に威力を発揮します。

AIによるこうした検知法はマルウェアのみならず、「スパムメール」や「フィッシング」、ならびに「望ましくない内容を含むサイト」の判定などにも役立てられていきます。

たとえば、メールに含まれた語句でスパムかを判別するフィルタは、変更できない単語リスト(データベース)を基準にして完全合致で判定するのではなく、新着メールが届くたびに自己学習してリストや判定基準を更新しています。

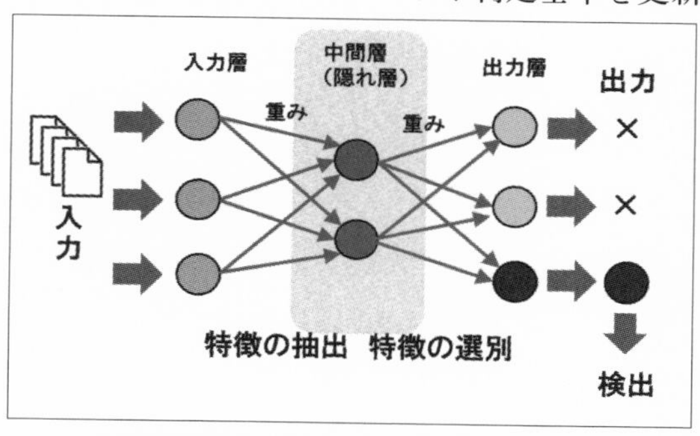

「機械学習」を応用した「ヒューリスティック」

ただし、「ヒューリスティック」だけで安全を保つことはできないと考えられ、あくまでも「シグネチャ方式」を補完する役回りに甘んじていました。
これは今に至っても変わっていません。

たとえば、ウイルス対策ソフトの大手ESETは、未知の高度なマルウェアに対し、「サンドボックス」や「機械学習(AI)」といった新たなマルウェア検知手法を追加することによって検出・防御の即時性を高めることに成功している、といった説明をしています。
1995年からAIの利用が進められ、不正プログラムの解析や分類の作業を自動化に一役買っているようです。

しかし、ESETはAIを過信しておらず、最終的な判断や難しい判断が発生した場合は、経験のある専門家の手に委ねられている、と明言しています。

もちろん、AIの「機械学習」は決して役立っていないわけではありませんが、それだけでは充分ではなく、人間が関わることで信頼性が飛躍的に高まる、と考えているようです。

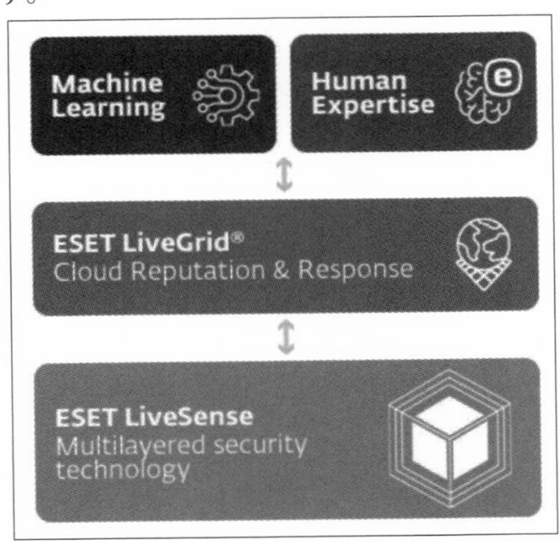

ESETは「機械学習」と「人間の経験」の両輪でセキュリティ対策を行なっている

●マップによる追跡

「ヒューリスティック」に続いて広く実用化されたのは、サイバー攻撃に対する「**可視化(マッピング)**」です。

*

ベンダー側がマルウェアやスパムメール、フィッシングサイトなどのデータをすべて「マップ」に登録し、注意を要するものに対してそれぞれフラグを立てます。

攻撃を受ける側の入り口地点でのみ防御するこれまでの手法に加えて、攻撃がどこから発生し、どこを狙っているのかを見るわけです。

これは、特に「ボットネット」を利用した攻撃に対して、非常に有効な手がかりをもたらします。

すでに2017年には、AIによるマッピングのおかげで、「**ランサムウェア**※」の「**ワナクライ**」(**Wannacry**)が、猛威をふるったものの、早期発見されました。

> ※感染するとパソコンのデータが暗号化されて使えなくなってしまうマルウェアで、ビットコインなどで身代金を要求される

●新たな方向性の模索

現在、マルウェア対策に対して進められているAIの適用は、大きく分けると、2つの方向性があります。

第一に、時系列で並んでいる長めの文字列や数列に対し、そのつながりのパターンをふまえて、その後に続く数や文字を推測する技術を「機械学習」に組み合わせようというものです。

マルウェアのコードすべてを解析しなくても、素早くマルウェアかどうかが判明します。

第二に、複数のアルゴリズムを組み合わせて最適化を図ろうというもので、精度を高めるために、いくつかの単一ではないアルゴリズムで判定を下します。

少しでも怪しければチェックが入るようにすることも可能です。

また逆に、「すべてが疑わしい」と判定しなければブロックしないようにすることもできます。

スキルの高い管理者がいる組織では、前者の組み合わせが適切であり、一般ユーザー向けの「ウイルス対策」ソフトなど、専門家によるチェックが期待できない場合には、後者のアプローチが有用です。

*

それにしても、振り返ってみると、このようにAIが「ウイルス対策ソフト」に取り入れられるようになるには、以下の3点が決定打となったと考えることができると思われます。

①「ビッグデータ」の登場とハードウェアの低価格化で、「機械学習」が身近になった
②「人工知能ブーム」で、「機械学習アルゴリズム」とコンピュータ科学の人気が高まり、応用可能性が広がった
③ユーザー側のマルウェアのデータベースが以前よりも縮小化する一方で、ベンダ側のデータベースが充実し、「機械学習」の教師用データとして有効に活用されるようになった

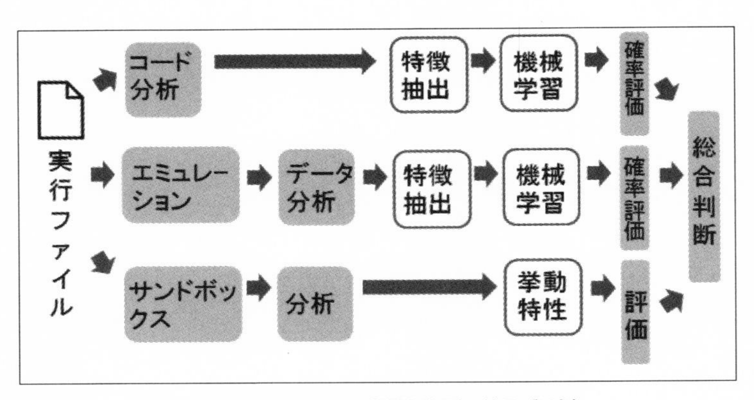

ウイルス対策における「機械学習」の位置づけ例

■「ネット犯罪」とAI

マルウェアへの対策にAIが活用されているということは、その逆として、「ネット犯罪」においても悪用される可能性が充分にあるということです。

AIの利用は、すべてがポジティブなわけではなく、必ずネガティブな側面があることを忘れてはなりません。

●AIを使った攻撃

もしもネット犯罪者がAIを悪用していった場合、大きく分類すると、①既存の脅威を拡大するばかりか、②新たな脅威を招き、さらに③既存の脅威を別次元の脅威に変容させる――などの恐れがあります。

AIによって、セキュリティ側の防御が強化される見込みがあると同じだけ、ネット犯罪者側の攻撃力も強化される見込みがあるのです。

*

おおむね、「サイバー攻撃」はより効果的かつ簡便に実行できるようになるでしょう。

特に、「**ソーシャル・エンジニアリング**」を使った「スピア型フィッシング」のような標的型攻撃こそ、これまで以上に被害が拡大する恐れがあります。

今までであれば攻撃者が多くの労力や人手を使っていた煩雑な作業を、人工知能は自動化し、より多くの不正者は、より少ない労力で犯罪を実行できるようになるからです。

また、ユーザーのオンライン情報を用いて、いかにもクリックしそうにアレンジされた不正なWebサイトやリンクを自動的に作成し、そのリンク先を伝えるメールも、実在の連絡相手が書きそうな内容が生成され、知人を装ったアドレスから送られてくるでしょう。

リアルにチャットを行なっていると思っていたら、実は、友人になりすましたAIがボットとして対応していたということも、こうした脅威の新しい手段として加わることと思われます。

そのほか、「ネットワーク侵害の爆発的増加」「個人情報の窃取」「知性を備えたマルウェアの流行」などが起こるかもしれません。

さらに、防御側のAIがソフトウェアの脆弱性を自動的に、かつ迅速に発見する前に、欠陥を悪用する「不正コード」が、攻撃側のAIによって作り出されることも危惧されます。

遠隔操作によって、ばらばらな場所から一カ所に集中攻撃を行なう「DoS攻撃」にしても、AIの活用のメリットがあります。

膨大な量の集積データを利用することで、金銭を目的とする攻撃の犠牲者となりそうな者を、より効率的かつ大量に特定できるからです。

AIは、経済状況を推測して「ここまでならお金を出すだろう」という想定支払額を決めるうえで有効であり、その結果、ランサムウェア攻撃の成功率もあがるはずです。

*

何よりも、AIシステムにもセキュリティ上の脆弱性があります。

特に、現在指摘されているのは、①「**アドバーサリアル・エグザンプル**」と②「**トレーニングセット・ポイズニング**」の2点です。

①は、わざと収集データに「ノイズ」や「誤った情報」を取り込ませて誤認識を誘うものです。

②は、「機械学習」の教師用データそのものを生成するプロセスで「フィルタ」を破壊したり、「バックドア」を仕掛けたりするものです。

いずれの場合も、AIにとって致命的です。

こうした攻撃を攻撃として認識し、教師用データの生成や学習のプロセスから除外させるような仕組みを、はたして、作り出すことができるのでしょうか。

*

結局のところ、AIがセキュリティにもたらすものは、必ずしもプラスとはかぎらない、という結論に至ります。

AIの不正利用の危険性については、今後、関係者が緊密に協力しあい、調査ならびに防御策を検討すべきでしょう。

2-4 スマートカー(自律走行車)

「スマートハウス」「スマートシティ」をはじめ、あらゆるものが「スマート化」しつつある中で、今もっとも大規模に実現化のプロセスを歩んでいるのが「**スマートカー**」です。

しかも、動きながら内部のみならず外部の安全性にも注意しなければならないことから、AIの真価が問われることでしょう。

■自動車業界の大転換

私たちは、自転車や馬車のような「人間や動物の力で動く乗り物」に対して、生き物の力を使わず「発電機の動力で車輪を回して移動する乗り物」を「自動車」と呼んできました。

もともと、「自動車」というものは、人間が五感を使って情報収集を行ない、かつ、自ら操作(運転)するものです。

「自動」とは動力のことであり、運転するのは人間であることが暗黙の了解でした。

しかし、今進められている「スマートカー」(自律走行車)構想は、究極的には人間が何もしなくても目的地まで適切な速度で安全に走行してくれることを目指しています。

これは、これまでの常識だった「人間が運転する」ということをやめて、代わりに「機械(AI)にまかせる」という意味です。

これまで見てきたAI開発の実例(対戦ゲーム、ウイルス検知、スマートスピーカー)と並べてみると、スマートカー、特に「自律走行車」は、究極的には運転すべてをAIにゆだねようというものですから、一気に技術のハードルが高くなっています。

＊

とはいえ、すべての自動車が「自律走行車」となり、すべての道路で「自律走行車」が走る、という光景は、まだもう少し先の話です。

まずは、①高速道路のみ、②区域や地域を限定、③タクシーのみ、④物流車両のみ、などの制約のもとで進んでいく見通しです。

また、いきなり「完全自動」(レベル5)のスマートカーが走り出すのではなく、実用化への5段階のステップがあり、今、「レベル4」のあたりに来ているところです。

つまり「スマートカー」とは、未来の車の基本形となる「自律走行車」(レベル5)と同義ではなく、完成形に至るプロセスにある車(レベル1〜4)も含んでいます。

そのため、以下では将来を見据えて「自律走行車」(レベル5)におけるAIの使われ方を中心にしつつも、「スマートカー」全般についても考慮に入れて説明します。

なお、「自動運転車」という言葉もありますが、これは「自律走行車」とほぼ同義です。

また、センサや無線通信の技術を強調する場合には、「**コネクテッドカー**」という言い方もあります。

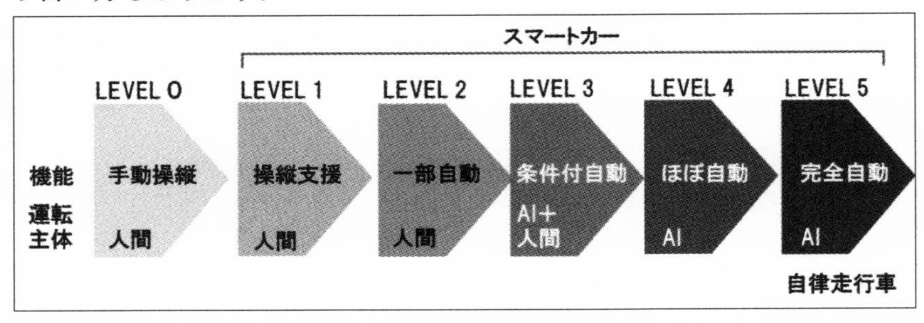

「スマートカー」と「自律走行車」の違い

●AIとIoT

自律走行車がスタンダードとなった未来の人間から見ると、「かつてのような人間が運転することを前提とした車は『アクチュエータ』にすぎず、『自律走行』してはじめて真の意味での『自動車』となった」ととらえられるかもしれません。

人間が状況や状態、環境の情報を瞬時にとらえるとともに判断を行ない、ハンドルやブレーキ、その他の操作を手足で行なって、ようやく「アクチュエータ」が作動する。

それが、かつての「自動」車でした。

それに対してこれからの「自動」車は、行先を告げる人間の指示には従うものの、AIが全体を統括しており、人間の目やその他の感覚器官の代わりにセンサが車道の状態や周りの車や歩行者、その他のオブジェクトの情報を収集して状況を把握したうえで、速度や方向、経路などを随時考え、AIが車両の各部位に命令を出しながら動くもの、となります。

したがって「スマートカー」には、「対戦ゲーム」のように、さまざまな選択肢がある中で最適な経路を見つけ出したり、「ヒューリスティック」のように、経験則を活かしながらも常にその場その場での対応ができるようにする、といった走行上の技術はもちろんのこと、「スマートスピーカー」のように、行先を告げる人間とやりとりをし、安全かつ快適に目的地まで送り届ける、といったこれまでのAI技術が詰めこまれています。

また、それに加えて、センサと無線通信とを中心とした「IoT (M2M) 技術」がその根幹を支えており、特に「認知」において、これまで人間が行なっていたことを複数のセンサを搭載して対応しています。

そう考えると、スマートカーにおいては、「認知」のフェーズは人間からセンサに代わり、「判断」のフェーズは人間からAIに代わった、というとらえ方ができます。

また、AIは、センサからアクチュエータに至る「認知」「判断」「動作 (制御)」を総合的に統括している、という言い方もできます。

つまりAIは、「判断」の部分はもとより、「認知」と「動作 (制御)」の精度や相互の連携にも充分に目を向けなければなりません。

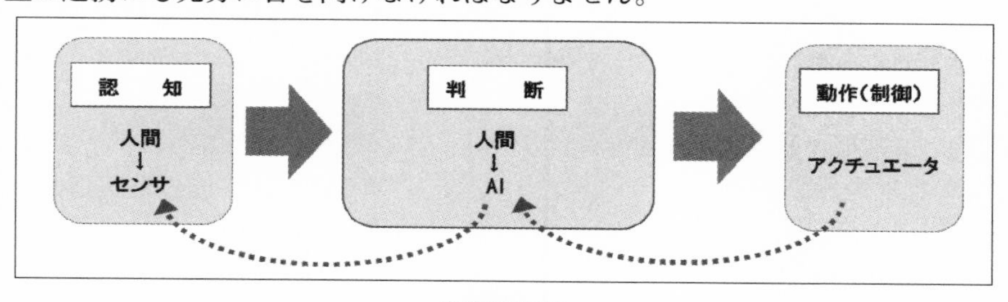

自動車の変化

■自律走行における「認知」

自律走行車のAIは、さまざまなセンサによって取り込まれた情報をとりまとめ、車のスペックや状態、マップや標識など周辺の情報、その他の既知の情報と重ね合わせたうえで総合的な「認知」を行ないます。

人間であれば、現状や環境を正しく認識するために目や耳などの感覚器官から得た情報をもとにしているように、自動運転の場合は各種の「センサ」がその役割を担っているのです。

自律走行車には、「カメラ」のほか、「超音波センサ」「ミリ波レーダー」「LiDAR」に加えて、「GPS」「ジャイロ・加速度センサ」など、数多くのセンサが搭載されています。

たとえば、NVIDIAの「DRIVE Hyperion 9」は、14台のカメラ、20台の超音波センサ、9台のレーダー、3台のLiDARを擁しています。

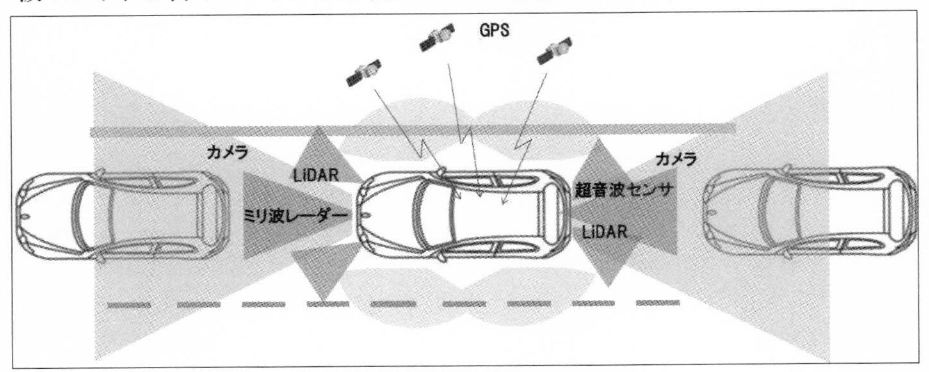

自律走行車の「認知」のためのセンサ群

センサから得られる情報は、そのままではただの数字やベクトルですが、可視化させて有用な情報とするうえでAIは重要な役割をはたします。

特に重要なのは、カメラや赤外線などでとらえた情報をもとに周辺の「オブジェクト」をとらえることと、その「オブジェクト」と車との距離を測ることです。

車道を走る他の車や自転車、横断歩道を渡ろうとする歩行者、風に吹かれて飛んできた飲料水のペットボトルなど、さまざまな「オブジェクト」を瞬時に「認知」しなければなりません。

一通りそういった「オブジェクト」のデータベースを参照して、画面に表示されているものが何であるのかを把握しようとする際に、「生成AI」の技術が役立っています。

さらに、そうやって把握されたオブジェクトが、その後それぞれどう動くのかを予測する必要があります。

ただし、それぞれのセンサが正確にデータを収集し、AI処理を行なって必要な情報を生成したとしても、それだけではまだ充分ではありません。
個々のセンサ情報を同期させる「センサ・フュージョン」の技術として、センサ特性や個数、配置場所などをふまえてアルゴリズムを最適化することによって、ようやく「判断」に必要な情報となります。

つまり、ここで言う「認知」とは、実験室環境ではなく、複雑な条件や環境をもつ現実空間においてどう動くのかを判断するために必要な行程なのです。

各センサの役割

カメラ	オブジェクトの検出、状況の把握
LiDAR(赤外線)	オブジェクトの位置、距離、形状
ミリ波レーダー	カメラ、LiDARを補完
超音波センサ	低速時・停車中のオブジェクト検出
GPS	位置情報
加速度センサ	空間把握
ジャイロセンサ	空間把握

●マッピング

AIによる「マッピング」は、マルウェア対策でも触れましたが、自動運転においても要素技術の1つに数えられています。

*

自動運転の場合の「マッピング」とは、カメラやLiDARなどから得られたデータをもとにしつつ、三次元情報であることはもちろんのこと、精度が高く、かつ、急な変化や変更にも対応できることが大前提です。

「マッピング」の対象としては、車線や路肩縁、道路標識など、道路まわりにあるオブジェクトがまずあります。
これらのオブジェクトが何であり、何に注意すればいいのか、AIによって推定を行ない、ラベリングしていきます。

それを可能にするのが画像解析です。

カメラやレーダー、LiDARに映し出されたオブジェクトがそれぞれ何であるのかを、単にデータベースと照会して把握するだけでなく、その作業結果をフィードバックします。

こうした積み重ねが学習効果となるとともに、個々のオブジェクトへの理解のみならず、コンピュータービジョン技術に反映され、全体状況の把握をさらに強化していきます。

■自律走行における「判断」

「認識」で得られた情報をもとに、今どこにいるのかを確認しつつ、どういう経路で目的地まで進むのかを瞬時に「判断」しなければなりません。

*

まず、位置情報については「GPS」によって得られます。

ただし、「GPS」は複数の衛星を使って地上のどこにいるのかを見るものであり、大雑把な位置推定をすることはできますが、正確に今どこにいるのかまでは分かりません。

そこで補完的に「LiDAR」の点群情報やカメラからの画像(オブジェクト)情報も利用します。

つまり「判断」においても複数のセンサの調整が入るため、ここにも情報をとりまとめるAIが必要になってきます。

*

続いて、目的地までの経路決定です。

いろいろな条件やその場の状況などを総合的に判断して、もっとも効率よく、かつ安全な経路を導き出しますが、いったん決定しても、状況は瞬時に変化するため、柔軟な変更にも耐えられなければなりません。

いずれにせよ、「判断」において重要なのは、AIが的確かつスピーディーに最適解を見つけ出し、各アクチュエータが滑らかに動作させることであり、その全体の「制御」です。

いくら予定通り目的地に着いたとしても、交通ルールを破ったりするのはもってのほかですし、乗っている人の気分が悪くなったするのもご法度です。

そうした課題を克服するうえで、モデル予測制御の導入が進められていますが、同時に強化学習の報酬モデルをうまく使って最適化をはかろうともしています。

●ルート最適化

「目的地を入力すると、最適な経路を導き出す」という技術は、すでに現在でもカーナビに搭載されています。

ただし、AI搭載の車の場合、単なるストックされた情報に基づいた判断ではなく、リアルタイムでの情報も含めた判断が可能です。

具体的には、渋滞や工事、事故などの情報を随時加味しながら最適ルートを修正することができます。

場合によっては、乗り合いタクシーなどで、待ち合わせている客を効率よくピックアップすると同時に、それぞれの目的地へと送るための合理的にルートを決めるようなことも可能です。

もっと細かく言えば、信号機の数や色が変化するタイミング、凍結していたり強い雨が降っているなどの、リアルタイムでの路面状況の把握にも対応します。

■動作(制御)インターフェイス

自動車は、これまでの経験や知識とその場で「認知」した情報からその都度「判断」を生成した後に、実際に車両機器を動作(制御)させねばなりません。

ここでも「加速度センサ」や「ジャイロセンサ」など、センシング技術が安定した動作を下支えしています。

多くの場合、「判断」したAIがそのままアクチュエータに「動作」を指令しますが、緊急の場合など、一部、人間の音声や文字の入力による「動作」も可能となっています。

しかし多くの場合、人間の役割はAIの「動作」のモニタリングであり、そのためのインターフェイスとして、「ダッシュボード」(コックピット)が用意されています。

もしも人間が「運転」に積極的に関わろうとするならば、音声対話AIへの指示出しを頻繁に行なう、ということになるでしょう。

つまり、人間とAIの共同作業において、的確な対話を行なうことで「良いドライブ」を生み出す、というイメージです。

●スマートスピーカー機能

もしもAIによる「音声認識エンジン」が実用化されておらず、それでもスマートカーが動き出すとしたら、どうなっていたでしょうか。

*

現在のカーナビ操作がそうであるように、目的地をボタン操作でインプットすることで、スマートカーは機能したことでしょう。

それでも充分ではあるものの、自動車に対して人間が音声で指示を出すというやり方は、やはりスマートです。

また、移動中に行先が変わったり、途中でどこかに立ち寄りたくなったりといった、さまざまな変更などにも、随時やりとりができる点も、いちいちカーナビの設定を変えることを考えると、とても便利です。

「スマートスピーカー」がそうであるように、こうした面だけでなく、ドライブ中の対話の相手にもなってくれるわけです。

さらに、「車内搭載カメラ」がついていれば、乗っている人間の様子をモニタリングして、スマートカーが積極的に対応することも考えられます。

そのほかAIは、コックピットなどのエンタテインメント性を高めることにも一役買おうとしています。

カーナビ画像がよりきれいに、かつ高度になり、他の計器類の情報も見やすくなるほか、移動中にニュースや映画などの動画をみたり、音楽を聴いたり、ゲームをしたりといった、電車でスマホを操作しているのと同じような光景になります。

●「車」から「モビリティ」へ

AIが「スマートカー」において良い形で機能するうえで、センサに加えて、無線通信技術の進化も重要な要素です。

現在「5G」がそのためのインフラであり、今後、2030年代に「6G」に移行することで、「スマートカー」から「**スマートモビリティ**」へ、という見通しが立てられています。

*

「5G」環境において、「自律走行車」や「スマートカー」のみならず、シェアリングや電動化など、さまざまな変化がもたらされてきました。

これが「6G」になると、測位の精度や環境認識距離が上がり、より安全性が高まるほか、車のみならず陸海空、さらには宇宙へと、無線通信と連携した新たな技術が実用化されていくと期待されています。

人間の移動や物流が、陸海空において大きく変わろうとしているのです。

スマートカーからスマートモビリティへ

	スマートカー	スマートモビリティ
自動運転	自律走行	海・空・宇宙空間の自動運転
測位精度	誤差 数cm以内	誤差 数mm以内
環境認識距離	～数100m	～数km
時　期	2020～30年	2030～40年

■「セキュリティ」と「倫理」

スマートカーは、さまざまな形で外部と無線通信でつながっていることからセキュリティは重要な課題です。

パソコンやスマホがそうであるように、スマートカーというデバイスをサイバー攻撃やマルウェアから守るためにも、AI技術は使われています。

具体的な攻撃例ですが、あるドラマの中では、「遠隔操作キー」をクラッキングして車を乗っ取るという手法が使われていました。

これはまだ初等テクニックであり、「行先を勝手に変えてしまう」とか、「意図的に交通事故を起こす」など、あらゆる可能性があると思います。

それに対して、大半の場合は防御が行なわれると思いますが、今のところ「完壁」な防御はありえませんし、いったいどういった攻撃と実害が発生するのか、未知の領域であり、今後の検討と対策が求められます。

●事故への対応

現在の法体系では、判断力のある成人が、自分の意志によって犯罪や事故を起こすと、明確に罪に問われます。

しかし、たとえば、スマートカーが誤って人を殺(あや)めてしまったとしたら、どうなるのでしょうか。

スマートカーを製造したメーカーの責任が問われるのでしょうか。それとも、そのスマートカーで判断を行ない、指示を出したAIが責任をとるのでしょうか。

いろいろと難しい問題が発生します。

＊

その極めつけは、実践哲学(倫理学)で長らく難問とされてきた「**トロッコ問題**」です。

自分はちょうど線路の分岐点のところでトロッコに乗っており、左に行くと壁があって自分が負傷する可能性があり、右に行くとそこにいる数人をはねてしまう可能性があり、いずれにせよ事故になってしまう。

このような状況で、どちらかを選ばねばならないという判断を迫られたとしたら、あなたならどうするか、というのが「トロッコ問題」です。

普通なら、これはこうした「思考実験」ですみますが、スマートカーの関係者はそれでは済みません。

どういった判断をすべきか、模範例や規範を矛盾なくインプットさせておきたいところですが、はたして、そうしたことは可能なのでしょうか。

＊

ちなみに、すでにドイツでは道路交通法を改正し、自動運転に備えています。

そこでは「人命へのリスクが避けられない場合は個人的な特徴を基に人命の重み付けを行なわない事故防止システムを備えること」としています。

これに対して、特に「強化学習」の報酬モデルがどういった対応をするのか、今後充分な検討が必要です。

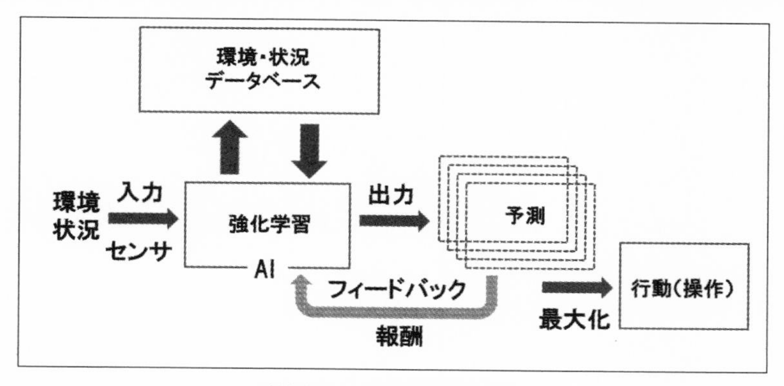

強化学習における「報酬」の機能

なぜならば「報酬」という考え方は、実はまだ成熟しきっておらず、充分な検証が行なわれているとは言い切れないからです。

*

今のところ、哲学における功利主義や近代経済学など、すでに長い間学問としても検討されてきた結果、「資本主義」と呼ばれる考え方がかなり広く浸透しているようにも思えます。

しかし、その一方で、たとえばイスラム圏においては「利殖」や「利息」という考えに否定的であり、「報酬」や「利得」の考え方が世界で統一されているわけでも、複数の価値観があることが共有されているわけでもありません。

ベンサムが提示した「最大多数の最大幸福」や経済学における「インセンティブ」「剰余価値」「利息」など、現在の「報酬」の考えの基本は、あくまでも近代西洋社会の価値観が前提となっているように思います。

それに対して、私たちは普段は何となく受け入れてはいるものの、もう一度根本から検討しなおす必要があるのではないでしょうか。

すでに西洋社会でも、ジョン・ロールズやアマルティア・センによる批判もあり、それがどこまでグローバルな(普遍的な)ものなのか、これからの社会にとって何が望ましいのか、活発な討論が行なわれており、今後も世界規模で話し合いを進めるべき課題です。

また、その話し合いには、当然のことながら「生成AI」にも参加してもらい、人間とAIが共同作業で実践的な対応策を作り上げていくことが求められています。

「生成AI」の仕組み

「AI」は、「自然言語処理」と「機械学習」(および「ディープ・ラーニング」)の両方が揃ったことによって、一気にレベルが上がりました。

加えて、「生成モデル」と「トランスフォーマー」がしっかりと組み込まれたことによって、「生成AI」が定着したと言えるでしょう。

そこで、ここではまず「生成モデル」と「トランスフォーマー」の仕組みを見たのち、それぞれ、「画像」「映像」「テキスト」「対話」「音声」「楽曲」の生成のされ方を追ってみましょう。

3-1 「生成モデル」と「トランスフォーマー」

「生成AI」の基盤技術は「**生成モデル**」と「**トランスフォーマー**」にあると言っても過言ではありません。

「生成AI」が画像や音声やテキストを「生成」できるのは、何よりも「生成モデル」や「トランスフォーマー」があってのことです。

■「生成モデル」とは

何事も無からは生まれることはありません。

「生成AI」も同様で、「学習」や「知識の獲得」が必須であり、あくまでもその蓄積をもとにしつつ新たな「テキスト」や「画像・動画」「楽曲・音声」を「生成」します。

人間の場合、学校教育など体系的に取得しつつも、大部分は経験や伝統に基づいて、試行錯誤を繰り返し、各人が自分なりのやり方で身に着け、詩を書いてみたり絵を描いてみたり、または歌を作ってみたりしています。

AIの場合、これまでの英知についてはウェブやビッグデータから人間よりも早く多く正確に得ることができますが、ただデータとして大量にインプットしただけでは役に立ちません。

その後、そうしたデータを活用できるようにするための仕組みが整っている必要があります。

また、新たな情報を生み出すための回路や仕組みも用意しなければなりません。

＊

AIは、前半の処理を「**識別モデル**」とし、後半の処理を「生成モデル」としてモデル化することによって、はじめて「生成AI」となる道が切り拓かれました。

これらのモデルは、これまで人間が適当に行なってきた所作を明確にプログラミング化したもの、と言えるでしょう。

なお、「トランスフォーマー」と「生成モデル」は異なりますが、テキストや対話を「生成」する「自然言語処理」を行なうものとして、ここでは併せて触れます。

●「識別モデル」と「生成モデル」

「生成」のためにAIが行なう前半の作業である「識別モデル」は、その名前のとおり、集められた個々のデータを整理(分類・分布)する作業を行ないます。

＊

何らかの情報がインプットされる際に、「それはAだ」「Bではない」とはっきりと仕分けをすることもありますが、「Aのように思えるが、Bの可能性がないわけでもない」というような、あいまいな理解のまま受けとることが大半です。

はっきりとしない場合のやり方で分かるように、物事は0%か100%かという単純なものばかりではありません。

「もっともらしい」とか「かなり」とか「少しは」など、言葉の使い分けで、その確からしさは、実は付加情報として示されています。

AIはこれを、「『A』である確率が70%、『B』である確率が30%」といったような、統計学的・確率論的な理解の仕方をして数値化・ベクトル化を行ないます。

こうして出来上がった処理の流れを「識別モデル」と呼んでいます。

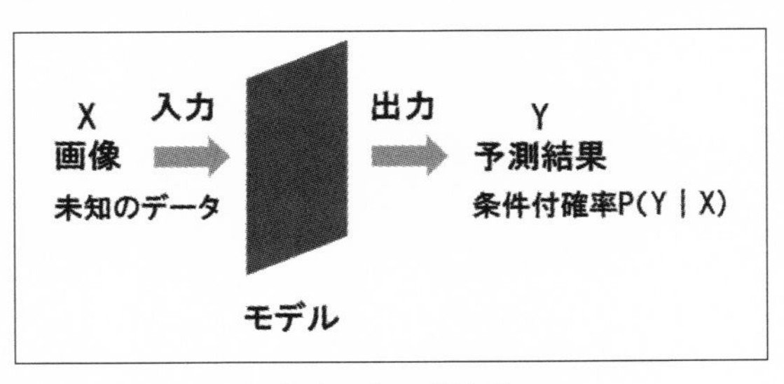

識別モデルの基本形

たとえば、AIに未知の画像「X」をインプットすると、これをトレーニングデータとして学習を行ない、予測結果として「Y」が発生する確率を生成します。

この確率のことを「**条件付確率**」と言います。

「条件付確率」が算出されていれば、「『X』がP(X|Y)の確率で「Y」である、という言い方ができるようになります。

「生成モデル」は、結果からみると、まるで「無からの創造」したかのように思えてしまいますが、この「条件付確率」という強力な武器を使うことによって、そうした驚くべきことを実現しているのです。

＊

一方、「生成モデル」は、図式にすると単純に「識別モデル」をひっくり返したもののように見えます。

「生成モデル」のアウトプット側に「生成画像」が置かれていますが、これは、「識別モデル」ではインプット側にあったものです。

得られた「条件付確率」さえあれば、「識別モデル」におけるインプットされる前のもの(X)を、「生成モデル」によってアウトプット($X^{\star}$)できてしまう、という構図です。

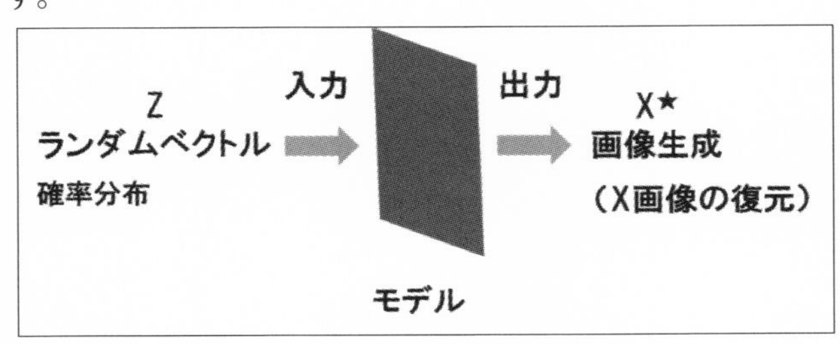

「生成モデル」の基本形

このように、「生成AI」の実用化には、新たな情報をアウトプットするための「生成モデル」の成熟が不可欠ですが、その基盤にはまず、「識別モデル」があることが大前提です。

「識別モデル」が導入されているからこそ、新たな情報とこれまで蓄えてきた情報との照合を行なって、その新たな情報がどのくらいの確率にあるのかを示すことができるからです。

たとえば、見たことのない文面のメールが送られてきても、それをあっさりと「迷惑メール」と推定して「スパムフォルダ」に振り分けるのは、こうした「識別モデル」が作動しているおかげです。

したがって、「識別モデル」はインプットされた情報が多ければ多いほど「識別」の精度は上がっていきます。

しかし、その精度をいくら上げたとしても、「識別モデル」は新たな情報を生み出しはしません。

あくまでも、「識別モデル」は、「既存の情報の分類」や「分布の分析」に特化したものなのです。

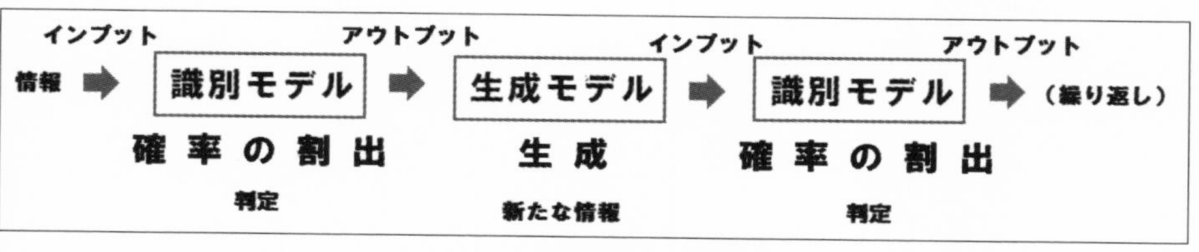

「生成モデル」と「識別モデル」の関係性

■2つの「生成モデル」

「生成モデル」をもう少し細かくみると、扱っている内容から、①主に「画像・動画」を生成するのに適しているモデルと、②「文章・テキスト」の生成(=自然言語処理)に用いられる「**大規模言語モデル**」とに大きく分かれます。

＊

「画像・動画」の生成の場合、「**敵対的生成ネットワーク(GAN)**」と「**変分オートエンコーダ(VAE)**」が代表格です。

「VAE」は複雑度が高い場合に、「GAN」は解像度が高い場合に、強みを発揮します。

一方、「大規模言語モデル」は「ChatGPT」などに用いられ、英語名称の頭文字をとって「**LLM**」(Large Language Model)と呼ばれます。

大量のデータを用意し、「ディープ・ラーニング」で文の次の単語を予測するとう事前訓練を行ない、汎用性の高い数多くのパラメータをもつことで、かなりのレベルで私たちが普段使っている程度の文章を読解したり返答したりすることができるようになっています。

言語を運用する能力をもっているばかりか、世間で知られている知識全般を保有し、その中から必要に応じて適切な情報を取り出す能力をも獲得しているわけです。

●敵対的生成ネットワーク(GAN)

「**GAN**」(Generative Adversarial Networks、敵対的生成ネットワーク)は、主に画像の「生成AI」で注目された生成モデルで、2014年にイアン・グッドフェローによって提案されました。

*

「GAN」の学習は、「**識別器**」と「**生成器**」との2種類のニューラルネットワーク構造を競い合わせるところに特徴があります。

「生成器」は、「ランダムノイズ」(通常は確率分布からのサンプリング)を入力として受け取り、それを元に新しいデータを生成します。

初期段階では、ランダムなノイズから生成されるデータはただのノイズにしか見えず、本物のデータとは程遠いものです。

しかし、繰り返し作業を行なうことによって、次第にノイズではなくなり、はっきりとした姿が浮かびあがってきます。

他方、「識別器」は、本物のデータ(訓練データ)と「生成器」によって生成されたデータ(生成データ)を受け取り、それらを本物か生成物かどうかを区別する学習を行ないます。

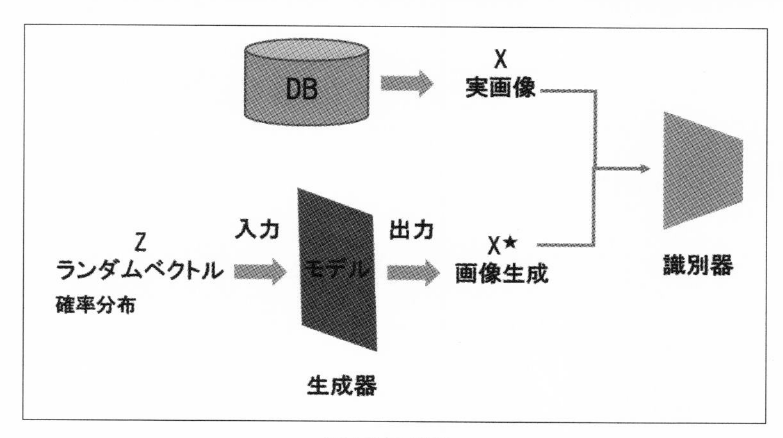

「GAN」の仕組み

何かに迷ったときに頭の中で「天使の自分」と「悪魔の自分」が葛藤する、といった構図がよくアニメや漫画で表現されていますが、イメージとしてはそれと似た感じで、AIの仕組みの中に2つの原理を組み込むことで、より良い解を引き出そうとするものです。

つまり、「識別器」は、学習のための正しい(＝本物の)画像をデータとしてもっており、「生成器」は、新たにランダムなデータを作り出し、その作られた画像をさらに「識別器」で検証し、「生成器」は修正を加えます。

「生成器」はよりリアルなデータを生成しようとし、一方で「識別器」はより正確に本物と生成データを判別しようとするわけです。

そして、「生成器」がほぼ本物のようなデータを生成し、「識別器」が生成データと本物のデータを区別できなくなった時点で学習は完了となります。

「生成器」が高品質なデータを生成するために「識別器」を騙すように学習することで、より現実的なデータ生成が可能となるため、訓練データに依存せずに新しいデータが生成できるのです。

そのため「GAN」は、画像のみならず音声やテキストの生成にも活用されています。

●変分オートエンコーダ(VAE)

「VAE」(Variational Auto-Encoder、変分オートエンコーダ)も、主に画像生成AIに採用されている生成モデルです。

AIにインプットした学習用データの特徴を抽出し、そのデータの性質をもった新たな画像を生成できる点が特徴です。

*

たとえば、ある画家の作品を大量に学習させると、「VAE」はその画家の作品の作風をふまえたような作品を新たに生成します。

著作権侵害の懸念や問題が指摘されていますが、非常に興味深いモデルであることは間違いありません。

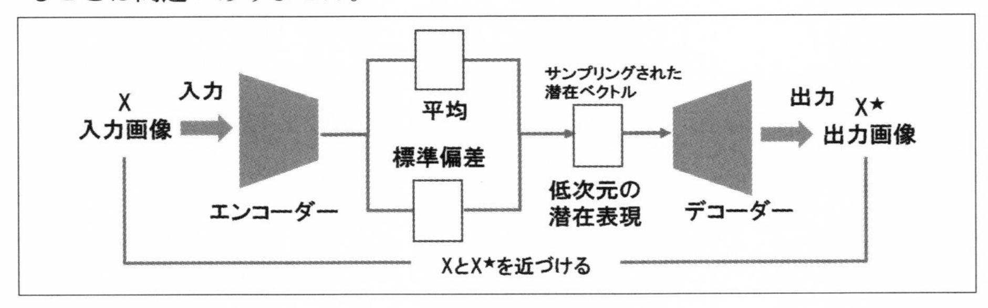

「VAE」の仕組み

*

なお、「GAN」の進化系とも言えるモデルに「**拡散モデル**」があります。

学習用の画像に追加したノイズを徐々に取り除いていき、元になる画像を復元することで画像生成のプロセスを学習するというものです。

ノイズを除去した後の画像を元画像にできるだけ近づけるプロセスを何度も繰り返すことで、より高精度な画像を生成できます。

この「拡散モデル」は、「DALL·E 2」などの画像生成AIに活用されています。

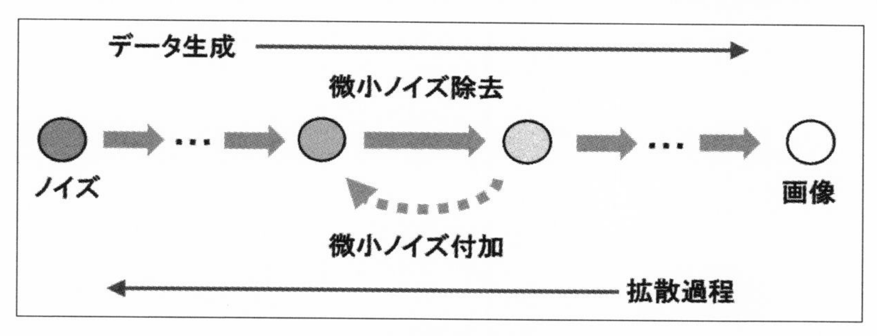

「拡散モデル」の仕組み

■「トランスフォーマー」の登場

2017年にGoogleが「BERT」を発表した際に導入された「トランスフォーマー」は、「ディープ・ラーニング」の中でも、きわめて斬新なモデルとして注目を集めました。

画像系を中心とした「生成AI」は「GAN」や「VAE」といった「生成モデル」を使っているわけですが、テキスト・対話系の場合、この「トランスフォーマー」がその主軸を担っています。

「トランスフォーマー」は、計算処理に時間のかかる「RNN」や「CNN」を使わずに、並列計算が可能な「**セルフアテンション**」のメカニズムを最大限に生かしているのが特徴です。

●「情報処理モデル」と「アテンション」

感覚器官から得られたデータがシナプスを経由して感覚(=感性)情報として脳へと入り、その後、短期・長期の記憶保持がなされるとともに、その情報が何であったのかを「認知」(=悟性)することで、何らかの身体的振る舞いや思考作業の進行が行なわれます。

これは物理的な運動を引き起こすときもありますし、言葉を通じた反応(=表現)のときもあります。

こうしたプロセスの中に組み込まれているのが「**アテンション**」機能です。

*

通常、私たちは、視覚でも聴覚でも、漫然と振る舞っているときもありますが、気になることを調べたいときに検索ワードを入力するように、多くの場合は何かに注意を向けて情報を集めています。

「アテンション」は、特定の対象に注意を向けることで関係する情報をピックアップして選択し、不必要な情報を取り除きます。

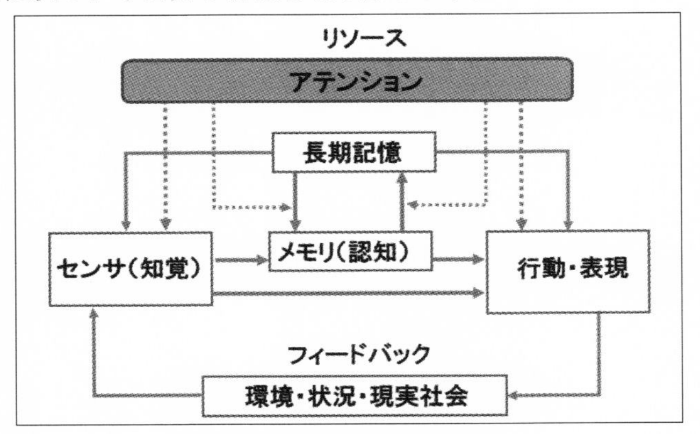

「アテンション」機能の導入

＊

AIの最初期のモデルの「全幅探索」のように、ひたすら、あらゆる可能性やあらゆる選択肢をすべて探索するようなやり方は、処理の量としても時間としても、あまりにも効率が悪いです。

また、「自然言語処理」で高い精度を達成するために大量のトレーニングデータを用意しようとしても、そう簡単な話ではありません。

まずは汎用性のあるモデルに対して、大量の「ラベルなしデータ」を用意し、穴埋め問題である「**マスキング言語モデル**」(MLM: Masked Language Model)で事前学習させ、その後、個々のタスクに対しては、少量の「ラベル付きデータ」を用意し、追加学習させることで、効率化を図っているのが特徴です。

「MLM」は、もとのテキストに対して複数箇所をマスキングし、穴埋め問題のようにマスク箇所を当てるというタスクを、大量のテキストデータで訓練する、というものです。

穴埋め問題の答えはもとのテキストから分かるため、このタスクは実質的に「教師あり学習」として訓練できるわけです。

これが「自然言語処理」における「教師あり学習」の代表的な成功例として定着し、その後、「BERT」を改良・拡張したモデルが次々に考案され、自然言語処理ベンチマークの最高スコアが次々に更新されていきます。

マスクする単語を動的に変更する「RoBERTa」や、パラメータを減らして軽量化された「ALBERT」、さらには、より高度な知識統合化が可能な「ERNIE」(Enhanced Representation through Knowledge Integration)などがあります。

*

以上はテキストをもとに説明しましたが、「画像・動画」や「音声・楽曲」を入力しても同様のことが可能であり、それぞれ開発が進められていきます。

3-2 視覚情報(画像・動画)の生成

動画の「生成AI」は、容易に「フェイク動画」が作り出せることで話題となり、その後にAIが生成したオリジナルの人の顔の画像やアート作品が登場しました。

この両面から、視覚情報系の「生成AI」の実力が世間に知れ渡っていきました。

■テキストからの画像生成

「画像系生成AI」は、主に「text-to-image」モデルのディープ・ラーニングのことを指し、生成したい画像のイメージをテキストでインプットし、イラスト、写真、絵画などの選択を行なうだけで、あっという間にオリジナルの画像をアウトプットします。

*

データベースには、ウェブから「画像」と「テキスト」のデータが大量に集められています。

事前学習として行なわれるのは、画像とテキストがどのように関連づけられているかや、その組み合わせパターンなどのトレーニングです。

入力されたテキストに対する処理を行なう「言語モデル」は、語彙の正しい意味や文法的正確さなどは追求せずに、テキストから浮き上がってくる「印象」や「イメージ」「無意識」(潜在意識)を表現として拾い上げます。

私たちは普段、「言葉」というものをできるだけ正確に使おうとする傾向にありますが、実際には、非常にあいまいな部分を常に含んでおり、いろいろな情報を加味することによって精度を高めています。

「画像生成系AI」は、まさしくこうした言葉の「ぼんやり感」を「ノイズ除去」という巧みなやり方でクリアにしているのです。

その一方で、「画像モデル」は、その「表現」にふさわしい画像データを生成しようと、ただ一方向的にアウトプットするのではなく、生成した画像がその表現にふさわしいか、また、すでにストックされている既存の画像と似ていないかを検証したうえで、新たな「作品」を出力します。

*

しかし、「生成AI」がこのような形で画像や映像を創作できるようになるまでには、長い道のりがありました。

その過程で、大きな転換となったのは、2010年代の中頃に、こうした「text-to-image」モデルの開発が急速に進んだことでした。

2021年にはOpenAI社が「**DALL-E**」を公開し、2022年にその改良版で、かなり複雑かつ高度でリアルな画像を生成する「DALL-E 2」(2023年には「DALL-E 3」)を、そして、Stability AI社が「**Stable Diffusion**」を公開したのがきっかけとなり、SNSなどで広く話題を呼ぶようになりました。

また、テキストや画像(またはテキストと画像)をインプットして動画をアウトプットする「**動画生成AI**」についても、基本的な仕組みや考え方は「画像生成AI」と変わらず、「**Midjourney**」や「**Imagen Video**」をはじめ、「**Runway**」「**Make-A-Video**」「**Phenaki**」などが登場しています。

●画像とテキストのつなぎ合わせ

テキストをインプットして画像をアウトプットするタイプの「生成AI」は、こうしたディープ・ラーニングが活用される以前からありました。

ただし、それまでのやり方は、人間が行なう「コラージュ」と手法が似ており、事前学習やデータベースとしては、キャプション(タグ)のついた画像やクリップアートが集められているだけで、それらをキャプションで呼び出し、画像フレームの中に配置するといったやり方が主でした。

そのうち、本来の「生成AI」の生成の流れとは逆ですが、画像データをインプットし、ディープ・ラーニングによって、たくさんのキャプション(つまりテキスト)を生成するというモデルが登場します。

これによって画像とテキストとをつなげる技術が確立し、インプットとアウトプットを逆にした「text-to-image」モデルである、「alignDRAW」の仕様が、2015年に公開されました。

*

「alignDRAW」は、テキストと画像のエンコーダの両方に「RNN」を使っており、それを「強化学習」で補完しています。

「アテンション」機能を備えることによって、「入力されたテキスト」と「生成しようとしている画像」との間でフィードバックしあえるため、生成画像のレベルが一気に上がりました。

また、ストックされているトレーニングデータにないものであっても、ディープ・ラーニングによって類推が可能になっています。

つまり、この時点で、記憶されているストックデータからの単なる抽出・出力ではなく、「創造」「生成」が行なわれはじめた、と言えるでしょう。

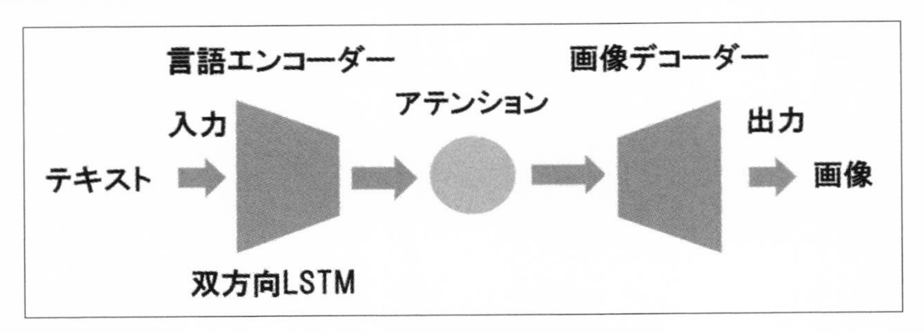

「alignDRAW」の仕組み

したがって、その点においては「alignDRAW」は「画像生成AI」の先駆者となります。

*

とはいえ、今から見ると、生成された画像のクオリティは、まだ一般使用に耐えられるほどのレベルには達していませんでした。

クオリティが大きく改善されたのは、2016年に「生成AI」に「GAN」が利用されてからのことです。

「識別モデル」と「生成モデル」を競い合わせることで、よりクオリティの高い画像が出来上がったわけです。

この仕組みの面白いところは、直ちに高画質画像をアウトプットするようにトレーニングを行なわない点にあります。

そうしてしまうと、なぜか良いものが生まれないため、「トレーニング時に解像度の低い画像をまずは生成させる」という一手間をかけ、そこにディープ・ラーニングの学習モデルを投入し、解像度の高い画像へと引き上げていく、という技法を使うことで、かなり質の高い画像を生成することに成功しています。

*

「画像生成系AI」で用いられるデータベースは、「text-to-image」モデルと同様に、ウェブ上から大量にテキストと画像のペアを集めたものが一般的です。

2022年に「Google Brain」チーム(2023年に「Google DeepMind」チームに統合)は、これまでの標準的なアプローチとは異なる、テキストのみのコーパスで個別にトレーニングされた大規模な言語モデル「Imagen」を使った、「画像生成AI」を発表しています。

■「画像生成AI」の仕組み

「alignDRAW」によって先鞭(せんべん)がつけられた「画像生成系AI」の仕組みについて、「DALL・E」「DALL・E2」「Stable Diffusion」を事例に見てみましょう。

＊

「DALL・E」は、「alignDRAW」とほぼ同じように、「データベース」と「モデル」、そして、テキストと画像の「**エンコーダ**」から構成されています。

「テキストエンコーダ」には「**トランスコーダ**」が使用され、「**画像デコーダ**」には「**VQ-VAE**」が採用されています。

「VQ」は「**ベクトル量子化**」の略号で、「潜在変数」が連続的なベクトルではなく、離散的なベクトルをとる点が「VAE」とは異なっています

これらは既存の技術を組み合わせたものにすぎず、大きな変化はないのですが、モデルとデータベースのボリュームを大幅に増やしたことが、決定的な違いを生んでいます。

＊

過去のモデルのパラメータ数が数千万から数億だったのに対して「DALL・E」は120億となっており、100倍もの違いがあります。

また、トレーニングに使うデータセットについても、数のみならず質において大きな違いがあります。

「DALL・E」の画像データは2.5億枚にものぼり、しかも、ウェブ上から得ているため、画像データが貼られているHTMLに記述されているメタデータの内容を活用することができます。

実際に出来上がった画像を見るかぎり、「text-to-image」という手法にとってもっとも重要なのは、こうしたデータセットの用意であった、と言えるでしょう。

この後、「DALL・E 2」や「Stable Diffusion」が登場しますが、これらは「DALL・E」が到達した地点に加えて、テキストエンコーダと画像デコーダの改良の結果が反映されています。

具体的には、テキストエンコーダが「LSTM」から「トランスフォーマー(事前学習済)」に、画像デコーダが「VQ-VAE」から「拡散モデル」に変わっています。

●ノイズからの画像生成

「Stable Diffusion」の処理の仕組みも、「alignDRAW」と同様に、前半が「テキスト処理」で、後半が「画像生成」です。

テキスト処理は「CLIP」(Contrastive Language-Image Pre-training)が、画像生成には「拡散モデル」が利用されています。

＊

「CLIP」は、ウェブから集めた膨大な量(4億枚)の画像と、テキスト(Wikipediaで100回以上出現する単語50万語)のセット(2万ペア)をデータセットにもち、画像とテキストとの関係、内容の近さを判断できるようにしているのです。

また、「CLIP」によってインプットされたテキストの内容を把握し、アウトプットする画像の方針が決められます。

さらに、「Stable Diffusion」は「拡散モデル」を搭載したことによって、「画像を生成する」ということへの、大きな転換が起こっています。

「Stable Diffusion」が画像を生成する行程は、一般に私たちが絵を描き上げるときとはまったく異なるものです。

たとえば、私たちはある程度着想を固め、下書きを描き、モデルを用意するといった準備のもとに、カンバスや画用紙に絵筆を走らせ、線や色を加えていくことで、風景やオブジェクトなどを浮かび上がらせて、作品を仕上げていきます。

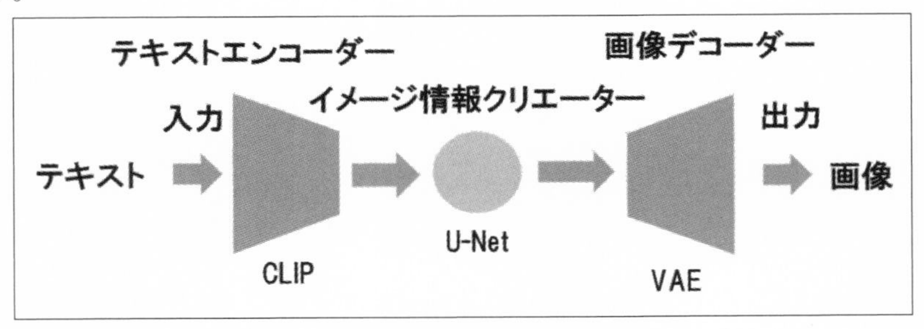

「Stable Diffusion」の仕組み

＊

ところが、「Stable Diffusion」の場合は、描画するスペースいっぱいに「カラーノイズ粒」を散らすことからはじまります。

「CLIP」からただちに画像を生成するのではなく、そのデータと「ノイズ粒」との差異を計算していき、少しずつそのギャップを埋めるようなやり方で、繰り返し「ノイズ粒」を減らしていくのです。

しかも、同じ比率で均等に減らしていくのではなく、少なめにしたり多めにしたり、いろいろなパターンを試しながら、着地点を探し出します。

この作業はかなりの労力を要することから、いったん画像データを「潜在空間」で圧縮して処理しやすくし、ノイズを減らし終わったら、再び解凍を行なうという手法がとられています。

「潜在空間」への変換と逆変換に用いられるのが、「VAE」です。

*

この工程を繰り返し、少しずつノイズを取り払っていくと、最初はぼんやりとしていますが、次第に「何か」が姿を顕(あらわ)してきます。

これは「**U-Net**※」という手法で、画像をピクセルごとに分類したうえで「畳み込み層」を使ってオブジェクトがどこにあるのかを前提にダウンスケール出力し、その後に逆の手順を進めて画像を生成していくものです。

「Stable Diffusion」では、最大1,000回もこうした作業を繰り返して、最終的には高画質で「リアル」な画像をつくりあげます。

※「U-Net」は2015年に医学やバイオテクノロジーの分野で開発された、画像の中のオブジェクトを推定する技術です。

代表的な画像生成AIの違い

特　徴	alignDRAW	DALL-E	DALL-E2	Stable Diffusion
テキストエンコーダ	LSTM	Transformer	Transformer	CLIP
画像デコーダ	RNN	CNN	CNN	CNN
パラメータ数	中程度	大規模	大規模	大規模
追加機能	テキスト位置合わせ	テキストから画像の生成	より高解像度の画像生成	安定的な画像生成

■ディープフェイク事件

「画像生成AI」は「ディープフェイク」事件によって広く知られるようになりました。

＊

「ディープフェイク」とは、「ディープ・ラーニング」と「フェイク」を掛け合わせた造語で、AI（ディープ・ラーニング）を使って、動画に登場する人物の顔を別の顔に自然な形で置き換える技術とその作風を指す言葉です。

「米国版2ちゃんねる」と言われている、英語圏のユーザーがニュースや情報を投稿するウェブサイト「**Reddit**（レディット）」に2017年、「/u/deepfakes」というユーザーがポルノ動画に有名女優の顔を巧みに合成した「アイコラ動画」を貼り付けたのがきっかけで、こうした動画を作ることが流行。

作者名がそのまま、こうした動画の名称となりました。

＊

その後、2018年に、このサイトでアプリ「**フェイクアップ**」（**FakeApp**）が公開されたことから、他のユーザーも同様の動画を作りはじめ、Twitter（現X）やPornhubなどでも「ディープフェイク」動画がアップされはじめます。

有名人ばかりではなく「リベンジポルノ」まで出回り、またポルノのみならず、この技術を使った動画がYouTubeやVimeoといった動画共有サイトにもアップされ、広くこの技術が知られるようになりました。

それから1カ月ほどで「Reddit」はこのアプリを公開する「サブレディット」を閉鎖するとともに、利用規約（コミュニティ規則）を変更し、
偽造された描写を含む、明らかに許可なく作成または掲載された、ヌード姿の人物、または性交をしている人物が映る画像やビデオの配布を禁じる
としました。

それに伴い、各SNSや動画共有サイトなどは、こうした動画の掲載を禁止するに至ったのです。

こういう場合、本人ならびに所属事務所などの代理人によるクレームを発端に、扱いに制限をかけられることが多く、しかも、そうした具体的な動きはあまり表には現われないのが特徴と言えます。

■「ディープフェイク」の技術的特徴

「ディープフェイク」は「AIに基づいた画像合成技術」であり、主に動画における人間の顔の置き換えを自然な形で実現したところに特徴があります。

もちろん今までも「ディープフェイク」で実現できることは、事件以前から、実際に映画などの現場でも用いられてきたので、それ自体が驚きというわけではありません。

ただし、今まではプロでなければなかなか困難だったのが、誰でも簡単にできるようになった点が、大きな変化と言えるでしょう。

●「ディープフェイク」の作業工程

細かいメカニズムはさておき、この技術は以下のような操作を行なって動画を作ります。

手　順

[1] 顔写真の静止画像を1枚用意する(場合によっては動画から静止画データを切り出す)

[2] その画像から顔データを抽出する

[3] その顔を貼りたい動画を用意する

[4] 動画の中で、顔を変えたいところを選択し、置き換えを行なう

[5] 張り替えた画像に基づいた動画作成の実行

なお、[1]において必要なのは、顔写真がいくつかの角度から撮られていることです。

枚数は多ければ多いほど良いわけですが、なければ身体の動作に伴い、元の静止画像から動きのある動画を作り出せるところで、ディープ・ラーニングが役に立っています。

こうした素材が揃っていれば、あとはわずか数クリックで動画が仕上がるところが、このアプリの見事なところであるとも言えるでしょう。

ただし、ハードウェアの環境次第では、エンコードに異様に時間がかかる恐れがあります。

＊

今でも技術的な改善は進んでおり、たとえば、眼球の動きを滑らかにして、よりリアルにする作業がフォーラムなどでは行なわれています。

また、合成したときの不自然なつぎはぎを滑らかにする技術も開発が進められ、より自然な肌の色合いを作り出せるように工夫がなされています。

このように、コラージュ的な技術としては、フォトレタッチの応用で静止画においてこれまで行なわれてきたことです。

大きく異なるのは、動画に貼りこむことができる点と、さまざまな動作に対して人間ではなくAIが計算や分析、生成を行なってくれている点にあります。

●「ディープフェイク」のソフトウェア構成

行なわれている操作をソフトウェアレベルで考えると、以下のように分けることができます。

---

①**動画作成**……動画から静止画を抽出、または連続した静止画を動画に変換
②**画像解析**……画像から顔の部分を抜き出すために画像を解析
③**ディープ・ラーニング**……画像間の違いを学習して顔の置き換えを実行
④**GPUドライバ**……アプリの演算処理（並列計算）にディープ・ラーニングを適用
⑤**深層ニューラルネットワークのライブラリ**……GPUを用いて画像の比較や遷移を学習
⑥**顔の置き換えと保存**……画像から顔の抽出、顔画像の学習を行ない、指定されたフォルダにある画像の顔と入れ替えと保存

＊

この中でディープ・ラーニングがどのような役割を担っているかと言うと、「自然に貼り付けるためのノウハウを、人間の代わりに人工知能に蓄えて行なっている」ということになります。

本来、コンピュータは決まった答えを出すための計算が得意でしたが、ディープ・ラーニングは、そうではなくとも「経験値」すなわち「確率論的なとらえ方」ができるもので、しかも、データを増やせば増やすほど学習して「進化」すると

ころが強みです。

「ディープフェイク」には「顔認識」の技術が活用されており、①顔の中のパーツがそれぞれ表情を変えることによってどのように変化するのか、そして、②顔の向きや傾きが変わることによってどういった見え方をするのか――この2点についてのデータをディープ・ラーニングによって生成する点に特徴があると言えます。

そのため、この技術は、今後、映画やTVドラマ、アニメなどで制作コストの削減をもたらして活用されていくことでしょう。

＊

ただし、今までも映像制作の現場では使われていますし、今後、さらに利用されていくことは疑いないのですが、単にプラス面のみならず、いろいろと課題も生じていることを忘れてはなりません。

「アイコラ」的な問題点以外にも、たとえば、すでに亡くなっている人を(ある意味では)蘇らせることができるようになるという課題があります。

生前の動画や静止画、音声、発言内容など、データが数多く残されていれば、本人と見紛(みまが)うばかりのヒューマノイド、ロボット、ホログラム、映像作品が、たやすく生み出されるはずです。

3-3 言語情報(文章・対話)の生成

かなり難しい質問をしても、瞬時に滑らかで論理的な回答を返してくる「ChatGPT」の登場は、「生成AI」の中でも、世間にとりわけ大きなインパクトを与えました。
これまでのチャットボットと何が違っているのでしょうか。

■「テキスト系AI」と対話

「こういう〜がほしい」とリクエストをすると、それらしいものが出力される――それが、画像や音声の「生成AI」のイメージです。
この場合、テキストをインプットした結果、テキストではないものがアウトプットされることから「創作」が行なわれた、と私たちは理解します。

それに対して、「テキスト系生成AI」は多くの場合、「〜について教えてください」「〜と〜とは何が違いますか」といった質問をすると、丁寧に説明してくれるものでした。
これは、テキストをインプットするとテキストが出力されることから、「創作」ではなく「対話」をしている、と私たちは理解しますが、インプットとアウトプットの間で「生成AI」が行なっていることは、基本的には同じです。

いずれの場合でも、テキストの内容を理解し、これまでの、そのテキストに関わる情報を照会し、求められているものをアウトプットしています。

ただ、テキスト系の場合には、やりとりをしているかのように人間が思い込んでいるだけと言えます。
とはいえ、テキスト系の「生成AI」は「対話」を中心として開発が進められてきた、と言えるでしょう。

●チャットボットの起源

「ChatGPT」などの「テキスト系生成AI」の源流をたどると、「チャットボット」に行き着きます。

対話形式で、主にウェブサイトのFAQや問い合わせのコーナーでよく使われてきました。

*

もっともシンプルなスタイルは、まずは質問項目と回答項目のセットを集めるとともに、選択肢の体系化や階層化を行ない、大項目から入って、次第に範囲を狭めてユーザーが必要とする情報に辿り着けるようにしたものです。

もっともプリミティブな「対話型チャット」であると言えるでしょう。

もう少し工夫がなされると、キーワードに対する回答のテンプレートをいくつも用意しておき、それを元にやりとりをするようになり、これを「**ハッシュタイプ**」と呼んでおきます。

「ハッシュタイプ」も主に人間が用意するものです。

それに対して、これまでのやりとりを蓄積しておき、そのストックから回答を行なうものは「**ログタイプ**」と呼ばれています。

「ログタイプ」はAIを使ってはいますが、あくまでもストックされている過去のやりとりを繰り返しているにすぎません。

*

一方、1966年にジョゼフ・ワイゼンバウムが開発した「**ELIZA**」は、やはりキーワードと回答(質問)を前もって用意して、「パターンマッチング」でやりとりが進むものでした。

機能としては、相槌を打つことと「はい」「いいえ」と答えること、そして対話の内容を要約すること、に絞られ、あくまでも「聞き役」でしたが、疑似的な対話が進むという驚きが当時にはありました。

一般的にはこの「ELIZA」以降を「チャットボット」と呼びます。

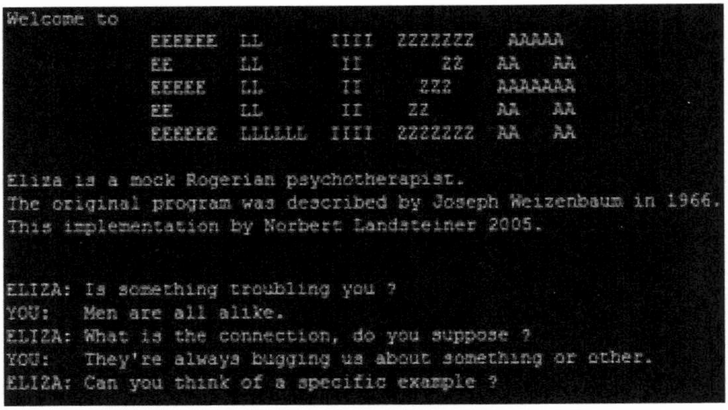

```
Welcome to
              EEEEEE  LL      IIII  ZZZZZZZ   AAAAA
              EE      LL       II       ZZ   AA   AA
              EEEEE   LL       II     ZZZ    AAAAAAA
              EE      LL       II    ZZ      AA   AA
              EEEEEE  LLLLLL  IIII  ZZZZZZZ  AA   AA

Eliza is a mock Rogerian psychotherapist.
The original program was described by Joseph Weizenbaum in 1966.
This implementation by Norbert Landsteiner 2005.

ELIZA: Is something troubling you ?
YOU:   Men are all alike.
ELIZA: What is the connection, do you suppose ?
YOU:   They're always bugging us about something or other.
ELIZA: Can you think of a specific example ?
```

1960年代に生まれたチャットボット「ELIZA」

●チャットボット開発の変遷

「ELIZA」もそうですが、この頃のチャットボットは主に医者の代わりに患者に答えることを目的に開発されました。

1970年代に入っても同様の動きが中心でしたが、変化が起こったのは1990年代に入ってからです。

「ALICE」(Artificial Linguistic Internet Computer Entity)と呼ばれるチャットボットが登場し、「パターンマッチング」ではありますが、ヒューリスティック仕様であるため、やりとりがかなり滑らかになってきました。

1997年には、「Windows97」がイルカのキャラクターのアシスタント機能を導入。

さらに2000年代に入ると、多くの企業サイトで、FAQやサポート、問い合わせ対応などに「チャットボット」が使われはじめます。

そして2010年代に入ると、データセットが大規模化するとともに、ディープ・ラーニング技術が使えるようになり、かなりきめの細かい対応ができるチャットボットになってきました。

このように、チャットボットはすでに長い歴史をもち、頻繁に用いられてきました。

しかし、第一に、リアルな対話とは程遠く、第二に、あくまでも補助的な役割であったことから存在感が薄かったこともあり、あまり目立つことはありませんでした。

大きく変えるきっかけとなったのは、IBM社が開発した「**IBM WATSON**」(以下「WATSON」と表記)の登場です。

●「WATSON」の登場

2006年に開発がはじまった「WATSON」そのものはチャットボット機能にかぎったものではなく、しかもAIでもありません。
「**コグニティブ・コンピューティング・システム**」と称されています。

これは機能がまったく異なるということではなく、姿勢として「人間と対立するものではなく、あくまでも人間の補助をするもの」ということのようです。
ともかく、インプットしたテキストの内容を理解し、それに対して、同じようにごく自然なテキストで返答を行なう、ということが達成されました。

とはいえ、いわゆる法人向けソリューションであり、コンシューマーの現場には降りていないため、やはり存在感はありませんでしたが、その点に気づいた開発者たちは2011年にあえてクイズ番組に出場し、その能力の高さを世間に知らしめました。
そのため、チャットボットとしても利用できますが、ほかにも他言語への翻訳はもとより、画像や音声の認識や合成音声による出力なども備えています。
さらには、人間の感情分析も可能です。

＊

この「WATSON」の原型となったのは、ウェブの検索機能です。
21世紀以降と比べてコンピュータのスペックが弱かった1990年代以前では、テキスト検索を行なう場合、事前に人間がキーワードを拾い各テキストに紐づけるというやり方しかありませんでした。

その後、①コンピュータの性能向上、②並列処理技術の発展、③ストレージの大容量化などによって、キーワードを「クエリ」とし、それに対してウェブにあるテキストすべてを照会する「全文検索」方式が主流となり、ウェブの検索エンジンで用いられるようになります。

しかし、実際にやってみると、思ったほど適切な検索結果が得られないことから、その後ウェブマーケティングで見掛けるような「ページランク」「被リンク」などを加えることとなりました。
また、「分散」「並列処理」に加えて、文字列の圧縮や索引処理の技術も進みます。

こうしたウェブ検索技術の発展形が「チャットボット」で、その先駆けの一つが「WATSON」なのです。
なお、2023年には「IBM watsonx Assistant」）と改称されましたが、あくまでも法人向けであることには変わりありません。

*

現在注目されている「生成AI」がいずれもウェブからの膨大な情報を前提にして機械学習しているのに対して、「WATSON」は各企業の情報に制限してAIを動かしているという意味で、両者は根本的に異なります。

つまり、「WATSON」はただ一つではなく、導入している企業の数だけの「WATSON」が、それぞれ異なるものとして存在しているのです。

他の「生成AI」のように、無数の開かれた情報と向き合って形成された人工の「知能」がある一方で、他方では、企業体が有している情報すべてを集約して生み出された人工の「知能」とが併存しているわけです。
実際の使われ方とは異なるかもしれませんが、今まで観念的に「企業風土」とか「企業文化」と呼ばれてきたものが、AIによって明確な形で示されることになる、と言ってもよいでしょう。

このほかにも、NVIDIA社が「WATSON」と同じような方向性でのAI開発も進めており、2023年には「AI Foundations」を発表しています。

■「大規模自然言語モデル(NLM)」の開発

「WATSON」と並行してテキストの処理技術が進む中、2013年にトマス・ミコロフの研究チームが作成した「**Word2Vec**」は画期的な手法を編み出したことで、大きな転換点となります。

*

テキストも音声や画像と同様に「非構造化データ」ですが、大きく異なるのは、画像も音声も「数値データにすぐに還元できる」ということです。

「テキストの意味を理解する」ということは、音声や画像とは大きく異なり、端的に言うと、「物理的、数的に処理できない」という難点がありました。

言葉を音声に還元したとしても、ある音声がある意味と一対一で対応しているわけではありません。

文字にしても、「あ」と「い」の間には数的な連関はありません。

冷静に考えれば、これがいかに難問であるかが分かるかと思います。

解決までの道のりは遠かったのですが、単語や文字をベクトル化することで「構造化データ」として取り扱える道が「WordVec」によって切り拓かれました。

●テキストのベクトル化

「Word2Vec」は、その名の通り、普段私たちが使っている言葉(ワード)を「ベクトル」に変換して数値化します。

そうして、他の言葉との関連性や類似性を数値化するのです(**分散表現**)。

*

言葉は難しいですが、「ベクトル」なので、グラフで表わすと非常に明解です。

よく用いられている例ですが、「『王』が『女』である場合、何と言いますか？」という問いがあるとします。

「女」が「男」とともに生物学的な性別を示す2つのカテゴリーであり、さらに「王」が「男性」の「王族」を示すという理解がストックされていると、おのずと「女」の「王」の場所に「女王」という言葉が入ることが分かる、という仕組みです。

これはまさしくソシュールの記号学の発展形であり、「言語は差異である」ということは、つまり、「ベクトルで表わし、相互の関係性をつかむ」ということになります。

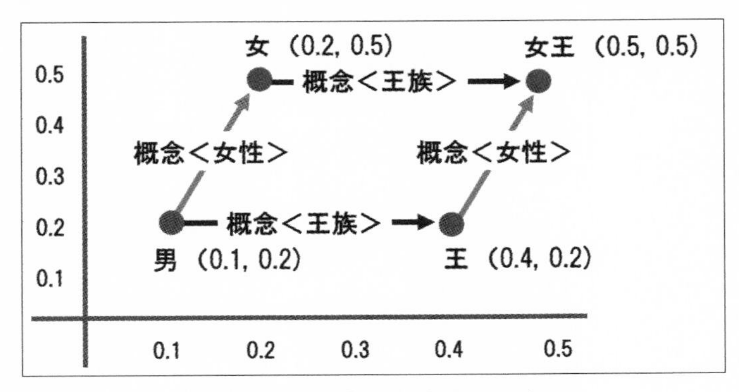

ベクトルによる「女王」の解の見つけ方

*

まず、構造は2層の「ニューラルネット」のみで構成されており、きわめてシンプルです。

にもかかわらず、大規模なデータによる「分散表現学習」を現実的な計算量によって行なえるようになったのです。

また、①「Skip-gram」と②「CBOW」の2つのモデルが内包されています。

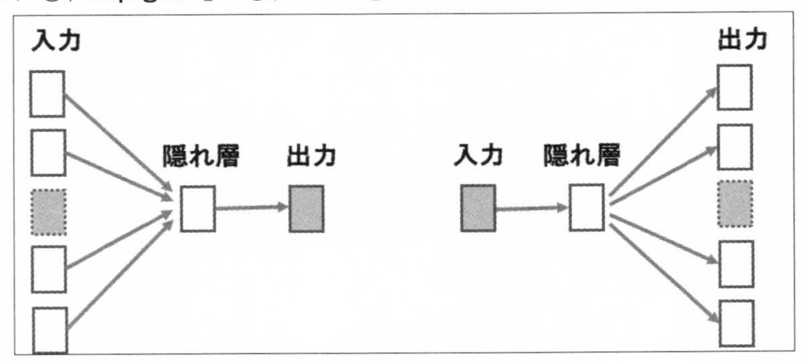

CBOW(左)とSkip-gram(右)

「Skip-gram」は、「教師あり学習」が用いられており、入力として「中心語」を付与し、その「周辺語」の予測を出力します。

こちらは、ネットワーク内の単語の周りにどんな単語が現われる可能性があるかを学ばせていきます。

また、「周辺語」から「中心語」を予測するのが「CBOW」です。
こちらも「教師あり学習」が用いられており、「CBOW」では入力が「周辺語」、出力が「中心語」となります。

この「Word2Vec」から、2018年には文脈に沿った「単語ベクトル」を得られる「ELMo」(Embeddings from Language Models)が派生します。

たとえば、「ワトソン」という言葉をシャーロック・ホームズが主人公の小説に登場する人物として理解する場合と、IBMの開発した「自然言語処理システム」として理解する場合とを、分けて学習可能です。
これは、**「双方向リカレントニューラルネットワーク」**(Bidirectional LSTM)に基づいているから可能になっています。

文脈の情報をその単語の前後(=双方向)から集めて、それぞれの単語に対する穴埋めをしていきます。

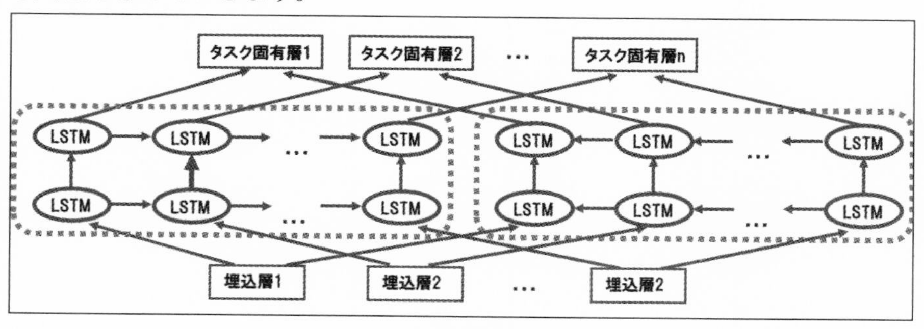

「ELMo」の仕組み

この後、より高度なモデルや「トランスフォーマー」をベースにした「BERT」や「GPT」が登場し、文脈に応じた言葉どうしのつながりの把握の精度が上がっていきます。

■「テキスト系生成AI」の多様性

「ELMo」は確かに前後の文脈を確認できたのですが、そのやり方は、前後いずれかの結果を結びつけるものであったことから、後には「浅い双方向性」と言われるようになりました。

また、「ELMo」は「LSTM」を使っていたことから処理に時間がかかり、大規模な言語の集積を処理するには難がありました。

ところが、「トランスフォーマー」が開発されたことで、双方向の処理速度が上がって、しっかりと文脈を押さえることができるようになります。

これによって、「BERT」が誕生しました。

●「テキスト系生成AI」の完成へ

かつて群雄割拠の時代があった「検索エンジン」の中で、新興勢力であったGoogle社が勝ち抜けていった背景には、それまでの「**ディレクトリ型**」ではなく「**ロボット型**」を開発した、突出したAI技術にあったと言えるでしょう。

「生成AI」の次元においても、これまでの蓄積を生かし「BERT」を、2018年に先陣を切って公開しました。

*

「BERT」(Bidirectional Encoder Representations from Transformers)は、汎用自然言語処理モデルの代表格である「トランスフォーマー」の「エンコーダ」です。

ラベルのついていない文章から「表現」を事前学習するように作られたもので、出力層を付け加えるだけで簡単にファインチューニングが可能となっています。

発表当時において、あるタスクに対してどのくらいの実力があるのかを計る、それまでの自然言語処理のベンチマーク記録を大幅に塗り替え、人間の精度を凌駕したことで話題を呼びました。

*

「BERT」の学習は2ステップあり、①「教師なし事前学習」と②「最適化チューニング」です。

「教師なし事前学習」には、大量の「ラベルなしデータ」が用いられ、さまざまなタスクを実施し、その結果に応じて「重み」をつけ、「初期値」にします。

「重み」とはパラメータや特徴量のことです。

この作業だけでも、おおよその精度が保てるのですが、細かなところまでは手が入らないため、少量の「ラベルありデータ」を用いて「最適化チューニング」を行ないます。

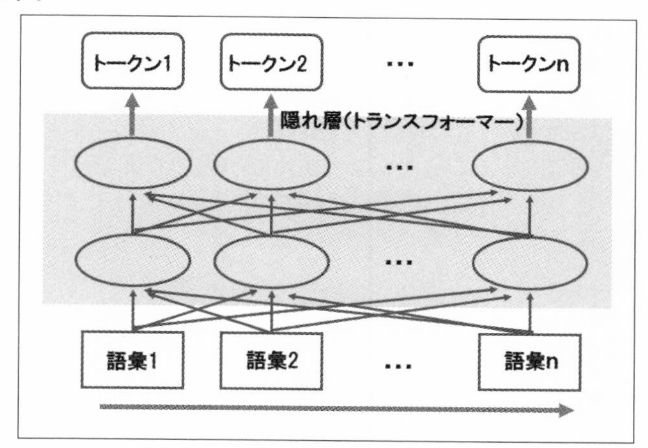

「BERT」の仕組み

「BERT」が登場するまでは、「教師なし事前学習」のところを「教師あり学習」で行なっていたのですが、実際に解く課題ごとに「ラベルありデータ」を用意しなくてはならず、大変な労力がかかりました。

「ラベルなし」の「自然文」であっても大量に収集することで、「汎用言語モデル」を組み立てることができるわけですが、そもそも「自然文」を大量に集められるのは、検索エンジンであるGoogle社だからこそです。

＊

しかし、ここで思わぬ伏兵が現われます。

「ChatGPT」です。

「ChatGPT」も、事前学習に「トランスフォーマー」を使って膨大な量の言語データを処理しているのですが、文脈の読み込みが「双方向」ではなく「一方向」です。

にもかかわらず「BERT」よりも優れた性能を発揮しました。

生成AI完成に至る３つのモデルの違い

名　称	開発年	処理速度	大規模化	双方向性	アプローチ
ELMo	2018	×	LSTM	双方向(浅い)	特徴量
GPT	2018	○	トランスフォーマー	一方向	最適化チューニング
BERT	2018	○	トランスフォーマー	双方向	最適化チューニング

*

文章などの順番がある「時系列データ」は、予測すべきデータが「学習データ」の中に混ざっています。

答を「学習データ」に与えてしまうと汎化性能が大きく下がってしまいますが、文章の次の単語を予測するなどの問題を双方向で行なおうとすると、この問題にぶつかることはどうしても避けられません。

「BERT」では、この問題を解決するために、「入力内のいくつかの単語をマスキングし、各単語を双方向に条件付けして、マスキングされた単語を予測する」という学習手法を導入しました。

この方法によって、うまく双方向型の学習を行なうことに成功したのです。

しかし、「GPT」はこれを単方向型でも上手くいくようにしてしまいます。

■「ChatGPT」の登場

OpenAI社が開発した「ChatGPT」が最初に公開されたのは2018年ですが、世間が驚いたのは2022年11月にバージョン「3.5」が公開されたときのことでした。

その後、あっという間に話題の中心となり、2023年4月にはCEOが来日して岸田首相と面会まで行なったほか、完全に社会現象化します。

「ChatGPT」はこれまでに開発されてきた「チャットボット」とは完全に別物で、その能力は群を抜いていました。

ある特定の分野に特化したものではなく、広範囲にわたる知識(情報)をもっており、小説や詩などの創作もできる一方でプログラミングもできるなど、これぞ「生成AI」と呼ぶにふさわしいものと言えるでしょう。

回答するスピードはもちろんのこと、文章をまとめる力や対話の仕方なども、ある意味では人間の能力を凌駕しています。

また、一方では差別や暴力など、避けるべき内容に対しては「拒否」をするというフィルタリングも行なわれています。

初期バージョンはあまり日本語や日本文化に詳しくなかったようですが、今ではかなり知識を吸収しており、めったに違和感を覚えることがなくなりました。

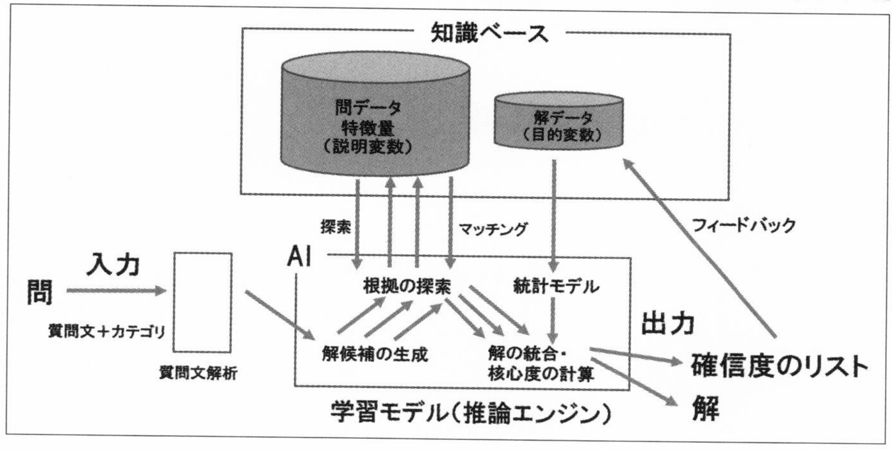

「ChatGPT」の仕組み

●「GPT3」の飛躍

「ChatGPT」の強力な生成機能を支えているのは、何よりも「トランスフォーマー」です。

「大規模言語モデル」に対する学習方法として、それまでは「LSTM」が用いられ、①「ループ」を使って、与えられた文字列の次にあてはまる文字列を予測するか、②ある文字列の一部に空白があり、そこに何があてはまるのが適切なのかを予測するか、といった方法がとられてきました。

しかし、「LSTM」はデータを順序だてて個々に読み込んでいくことから、全体にわたる適切な値を求めるのには、限界がありました。

一方、「トランスフォーマー」を使うと、対象となるデータすべてが同時に並列処理されます。

さらに、「アテンション」機能によって、文字列に含まれている語彙の相互の

「結びつき方」や「重要度」などを前もって学習しているため、かなり離れた文字列であっても、注意を向けるべき語彙がどれなのかが判別可能です。

しかも、「トランスフォーマー」で使われている「セルフアテンション」機能は、注意を向けるべき語彙に焦点をあてて、その語彙とその語彙が含まれている文の他の語彙とのつながりを確かめていきます。

「クエリ」「キー」「値」に同じデータをインプットする構造になっており、入力した単語同士がどこに「注目度」(関連度)が高くなるかを測っています。

この「アテンション」のメカニズムは、「ChatGPT」の中核でもあり、「アテンション」が導入されて一気にテキスト生成の完成度が上がったと言えます。

*

「ChatGPT」の学習のプロセスは、以下の3つのステップに分かれます。

ステップ① 教師あり学習(微調整)

人間が、ある問に対する適切な回答を用意し、問と回答のデータセットを作って、微調整を行ないます。

ステップ② 報酬モデルの学習

ステップ①で作ったデータセットの回答をいくつか用意して、人間がその回答に対して順位づけを行ない、回答の順位が予測できるようにタスクを解かせて「報酬モデル」を学習させます。

ステップ③ 強化学習

「GPT3.5モデル」と「報酬モデル」の両方を使って「強化学習」を行ない、報酬がもっと多くなるような方策を見つけ出し、もっともふさわしい回答が出せるようにします。

●「バージョン4」の特徴

GPTシリーズは次々とバージョンアップを遂げています。

現時点の最新版である「GPT-4」は有料で提供されており、無償で使えるのは「GPT3.5」までです。

ちなみに、Bingに搭載されている「Bing AI」にも「GPT-4」が採用されています。

これまで弱点と言われてきた、「学習しているデータが一定期間までに限定されている」という点を克服。

情報がリアルタイムで更新されるようになり、「株価の予測」や「ニュース速報」「SNS」での最新情報などへの対応、さらには、オンラインショッピングでの「購入決裁」や「予約」などもできるようになりました。

「GPT」の進化のプロセス

特　徴	GPT	GPT-2	GPT-3	GPT-3.5	GPT-4
リリース年月	2018年 6月	2019年 2月	2020年 6月	2021年 9月	2023年 3月
パラメータ数	1.17億	15億	1,750億	非公開	非公開
データセット	Common Crawl	Web テキスト	Web テキスト	さまざまな データソース	さまざまな データソース
言語モデルの規模	中規模	中規模	大規模	大規模	大規模
トークンの最大数	1,024	1,024	4,096	4,096	32,768
トレーニング データ量	40GB	40GB	570GB	大規模な データセット	大規模な データセット

■パラメータの大規模化

「LLM」によって大量テキストからの言語モデル学習が一気に進みましたが、そのパラメータ数は、言語モデルの性能を表す一つの指標とされており、言語モデルの大規模化が進められています。

「BERT」は3.4億、「GPT」は1.17億でしたが、「GPT-3」では1,750億にまで上昇しました。

さらに、2021年10月にMicrosoft社とNVIDIA社が発表した「MT-NLG」(Megatron-Turing Natural Language Generation)のパラメータ数は5,300億、2022年4月にGoogle社が発表した「PaLM」(Pathways Language Model)のパラメータ数は、5,400億に及びました。

2022年1月にはGoogle社の子会社であり「AlphaGo」を開発したDeepMind社が、最大で2,800億のパラメータをもつ「Gopher」と名付けられた言語モデルを発表。

一方、同時期の2020年6月にGoogle社も、6,000億のパラメータの「GShard」を発表しました。

その後も、Google社傘下のGoogle Brain社は、2021年1月に最大1.6兆のパラメータを持つ「**Switch Transformer**」をオープンソース化。

さらに中国政府による資金援助を受けている北京智源人工知能研究院が主導する研究チームは、2021年6月1日に新たな事前学習モデルである「**悟道2.0（WuDao 2.0）**」を発表し、1.75兆ものパラメータを使っているとしました。

＊

「GShard」は、モデル訓練の効率性を向上させるために「モデル並列化」を行なうプロジェクトで、「MT-NLG」は高度な「自然言語生成モデル」を開発し、「Gopher」は対話システムのトレーニングに使われる「状態空間モデル」です。

各プロジェクトは、「NLP」の異なる側面に焦点を当てており、それぞれ特定の応用に向けて設計されています。

大規模パラメータをもつ言語モデル

	GShard	MT-NLG	Gopher
目　的	モデル訓練の分散処理を向上させる	機械翻訳の自然言語生成を改善する	対話システムのトレーニングに使用
開発者	Google Research	OpenAI	Facebook AI Research
技術アプローチ	モデル並列化	高度な自然言語生成モデル	シンプルな状態空間モデル
目　標	モデル訓練の効率性向上	転移学習による自然言語生成向上	対話システムのトレーニング
応用分野	機械翻訳、NLPタスク	機械翻訳、自然言語生成、NLPタスク	対話型AI、ボット

3-4 聴覚情報(音声・楽曲)の生成

「聴覚情報」(音声・楽曲)に関しては、文字や画像情報を生成するAIが話題になるよりも前から、曲風の指示だけでオリジナル曲が出来上がるソフトやスマートスピーカーがすでに製品化されていましたが、「生成AI」としては何が変わったのでしょうか。

■音声認識と楽曲作成

これまで聴覚情報技術は、「滑らかな発音やアクセントで文章を読み上げたり、対話を行なうこと」や「質問や問い合わせ内容を理解し適切に対応ややり取りをすること」といった二つの領域において開発が進んでいました。

一方、「自動作曲ソフト」も実用化されており、その後、2010年代後半には、スマートスピーカーの実用化にまで進みました。

聴覚情報系の「生成AI」としては、これまでの到達点よりももう一つ上を目指しており、特に、テキストをインプットするとそのイメージに合ったオリジナルの楽曲を作ることが焦点になっています。

●コンピュータ音楽とAI

「オリジナルの楽曲」といっても、用意した「歌詞」にメロディをつける、という「自動作曲」を中心としたものから、たくさんの楽器によってオーケストラ演奏するような作品を生み出す次元まで、さまざまなものがあります。

そもそも音楽の世界にコンピュータが入っていくのは、1970年代のことで、キース・エマーソンが「シンセサイザ」(ムーグ)を縦横無尽に弾き倒したり、冨田勲(や後にヴァンゲリス)のような、シンセサイザによる多重録音でオーケストラのような作品を作ったあたりが出発点です。

その後、クラフトワーク(や後にイエローマジックオーケストラ)を筆頭に人気を呼ぶ、「テクノポップ」がジャンルとしても成立します。

しかし、コンピュータは、あくまでも「シーケンサ」や「ミキサ」や音源などのデジタルデータをとりまとめる役にすぎず、基本は人間の「打ち込み」によって成立していました。

しかも、当初は機材が高価であることと、トラブルが多いことで、なかなか扱いが難しいものとされていました。

その後、1990年代以降は、「デスクトップ・ミュージック」(＝DTM)もソフトウェアのジャンルとして確立し、「楽譜を作るソフト」や「作曲に特化したソフト」なども現われます。

コンピュータやAIが楽曲を作るということは、すでに「DTM」や「DAW」などの技術が成熟していることから、その技術をAIが活用する、という印象があります。

少なくとも「生成AI」が話題になる2020年代前半よりも前の、20世紀末から21世紀初頭において、楽曲作成ソフトの中には「カントリージャズ風」とか「エリック・クラプトン風」といった選択肢があり、それを選ぶと、なんとなくそれらしい楽曲を作ることができるものもあったわけです。

●自動作曲・伴奏ソフトの仕組み

「自動伴奏」「自動作曲」をするソフトウェアは、「SingerSongWriter」を代表として、いくつかあります。

なかでも、「AI」という言葉はなく「自動音楽生成プログラム」という言い方がなされている「Band-in-a-box」というソフトウェアを、ここでは取り上げてみます。

*

「Band-in-a-box」は、作曲や伴奏を自動生成するソフトで、2000年前後に登場し、2023年の時点でバージョン30にまで至っています。

代表的な音楽制作ソフトウェア

①コードネームをタイプ、②スタイルメニューから好みのスタイルを選択、というわずか2ステップの工程だけで、ドラム、ベース、ギター、ピアノ、ストリングスによる伴奏が完成する、というものです。

また、「伴奏だけ」「Aメロ」「Bメロ」「サビ」などを作ることも可能です。

なお、ここでは「楽曲」の中でも、「ジャズ」「ロック」「歌謡曲」といったジャンルが中心で、交響曲をはじめとした「クラッシック音楽」などには対応していません。

「生成AI」という言葉は使われてはいないにもかかわらず、それなりの楽曲が出来上がる点において、実に驚異的です。

一つの基準として、「生成AI」がこの「Band-in-a-box」よりもクオリティの高い楽曲を作りだすことで、ようやく聴覚情報系の「生成AI」が実用化に入ったと考えていいように思います。

*

今のところ、「テキスト生成系」も「画像生成系」も一定水準以上のアウトプットができているように思いますが、「聴覚情報系」はそれと比べると、今一歩及んでいないという印象を抱いています。

しかし、これを書いている間にも次々と新たなバージョンや新たなサービスがリリースされており、流れはとてつもなく速くなっています。

そのため、これを読んでいる方にはすでに使える「聴覚情報系生成AI」が当たり前になっているかもしれませんが、2023年においては、そうではなかったということを、ここに記しておきたいと思います。

■聴覚情報の生成モデル

音声や楽曲といった聴覚情報は波形で表わされ、時系列で流れていくという特徴をもっており、ジングルや効果音はさておき、「楽曲」となると、それなりの分数があることが前提です。

しかも、作品の良し悪しは、ある程度の長さを聞かなければ判定がつけられないことから考えても、「画像系生成AI」とは少し違った工夫が必要となっていそうであることが伺い知れるでしょう。

とはいえ、楽曲の場合は「楽譜」という表記方法があり、「楽譜データ」と「各パートの音色」などの指定があれば、コンピュータによって楽曲を演奏させることはできるので、AIのよる楽曲生成も、その延長線上でできてしまうような印象があると思います。

しかし、「生成AI」が今挑戦しているのは、楽器やボーカルのパートに分けて楽譜を作り、音色を指定する、といった流れの自動化ではなく、テキストをインプット元にして、その指定に合った楽曲をアウトプットすることです。

このあたり、テキストから画像を作り出す「生成AI」の技術の影響が強すぎるきらいがあり、今後軌道修正されるのではないかとは思いますが、少なくとも現状では、データセットの活用に一考の余地がありそうです。

そういう意味もあり、まずは上述とは逆のパターンで、テキストから楽曲を生成するのではなく、「音声をテキストに変換する生成AI」の仕組みから振り返ります。

●自動音声認識の到達点

音声データをテキストに変換する代表的な「生成AI」としては、2022年にOpenAI社が開発した「自動音声認識」(ASR)システム「Whisper」がまず挙げられるでしょう。

約68万時間もの膨大な音声データをインターネットから収集して事前学習が行なわれており、英語や日本語にとどまらず多様な言語に対応するばかりか、専門用語に対しても、個々の発音のアクセントや方言、周囲の雑音などへの対応にも優れているのが大きな特徴です。

用途は、①音声データの文字起こし、②通訳・翻訳が主となっています。

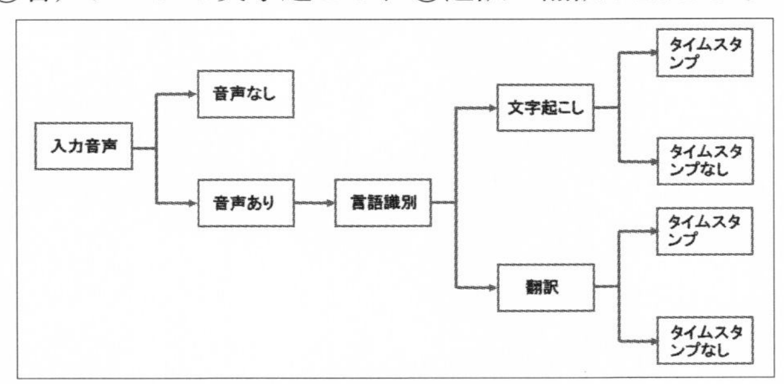

「Whisper」の作業フレーム

「Whisper」のトレーニングデータはマルチタスクになっており、大きく分けると、以下の4つに仕分けされています。

トレーニングデータ

英語トランスクリプション	英語音声→英語テキスト
英語トランスレーション	他言語音声→英語テキスト
非英語トランスレーション	他言語音声→他言語テキスト
非音声	雑音→削除

入力された音声ファイルは30秒ごとに区切られ、並列処理が可能です。
そして、前処理として、周波数データを人間の耳での聞こえ方に基づいた「メル尺度」(log-Melスペクトログラム)に変換します。

その後、トランスフォーマーによるエンコードによって一つ一つの単語をベクトル変数として出力。
ここで、「セルフアテンション」機能を使って、「クエリ」「キー」「バリュー」に同じデータをインプットし、ベクトル内積などの処理を行なうことで、単語同士の関連の度合いを測れるようにします。

特に、代名詞や同音異義語が何を意味しているのかが明確になります。

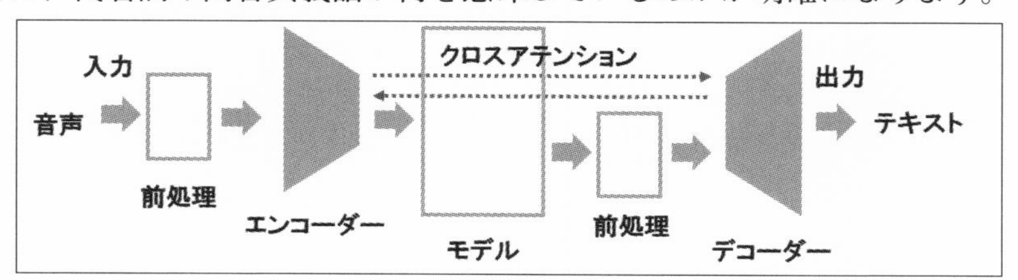

「Whisper」の仕組み

さらに、なめらかな文章にするために「**位置エンコーディング**」を加えて単語間の位置関係を調整。
「デコーダ」に入る前の処理として、以下のような、アウトプットに応じたタスクの選択を行ないます。

また、「位置エンコーダ」で得られた位置情報もデコーダに渡します。

「デコーダ」では「エンコーダ」と同様の「セルフアテンション」に加えて「**クロスアテンション**」という仕組みが加えられています。
「クロスアテンション」によって、前の層の「セルフアテンション」に加えて、エンコーダの各ブロックとの調整もできるのです。

「キー」と「バリュー」は「エンコーダ」から、「クエリ」は前の層の「セルフアテンション」から渡されます。

*

このように、音声からテキストを出力するAIは、すでに完成の域に達しており、これまでの他の商用サービスと比べても、質的に遜色のないところまで到達しています。

■自動音楽生成の難しさ

テキストから「画像・映像」を生成するのと同じように、AIは音楽も生成しようとしています。

ボーカルや歌詞のない曲であれば、「ジャンル」や「テンポ」「拍子」「イメージ」など(テキスト)をインプットすると、オリジナルの楽曲(音声)がアウトプットされる、という手法が先行してきました。
また、「歌詞」(テキスト)をインプットすると、これまでにない「メロディー」(音声)がアウトプットされるというプログラムは、少し出遅れていましたが、もう一歩のところまで来ています。

●「MIDIファイル」の活用

2019年にOpenAI社は、「ディープ・ニューラルネットワーク」を使ってテキストを生成する「**GPT-2**」の開発を終えた後に、同じ原理で音楽を生成する「**MuseNet**」を発表しました。
ただし、「MuseNet」のデータセットは「MIDIファイル」のみであり、歌声などを含めることはできませんでした。

「MIDIファイル」には、「音符」「タイミング」「強さ」「音色」などがデータ化されて記録されており、「MuseNet」は数10万もの「MIDIファイル」をもとにトレーニングを行ない、リズムやスタイルなどのパターンを蓄積しており、それなりの「素養」があります。
　さらに、音楽を生成するためのインプットはテキストではなく、「スタイル」「イントロ」「楽器」「トークン数」といった項目から出力したい楽曲のイメージに近いものを選択するだけです。

＊

　作成の流れは、最初に曲の雰囲気として、ショパンやモーツアルト、カントリージャズなどから「スタイル」を選択します。

　その後、「ベートーベン交響曲第五番」「きよしこの夜」などから「イントロ」(曲の出だし)を決めます。

続いて、演奏する楽器を「ピアノ」「弦楽器」「管楽器」「ドラム」「ハープ」「ギター」「バス」の中から選び、トークン数を決めると、4分の楽曲の生成に入ることができます

＊

　トランスフォーマーは、これらの設定に基づいてシークエンス内の次のパート(トークン)を予測し、アテンション機能を使って全体のまとまりに注意しながら曲を作り上げていきます。

　したがって、確かに楽曲を新たに生み出すことはできるのですが、あくまでも与えられた選択肢に基づいてのものであり、その意味では「自動作曲ソフト」と大きくは変わりません。
　しかも、アウトプットされたものは「楽曲」とは呼べないようなレベルになることもあり、期待されたほどの結果を出せませんでした。

●既存の楽曲ファイルのデータセット化

　翌年にOpenAI社は、データセットに「MIDIファイル」ではなく、CDレベルの音質をもった楽曲を組み込んだ「Jukebox」を発表します。

　120万曲以上の楽曲とそのメタデータ、歌詞をデータセットにもっており、「ジャンル」や「ミュージシャンのスタイル」「曲の長さ」「テンポ」などを選択すると、それらしい雰囲気のオリジナル曲が生成される、というものです。

＊

既存の音楽は、データセットに取り込むには、あまりにも情報量が多いため、そのままではなく圧縮処理を行なっています。

「GPT-2」のタイムステップが1,000程度であるのに対して、4分ほどのCD品質(44.1kHz、16ビット)の楽曲のタイムステップは1,000万以上です。

こうした膨大な量のデータを少しでも小さくするために「CNN」(畳み込みニューラルネットワーク)を使って、生データから不要な部分を破棄して圧縮します。

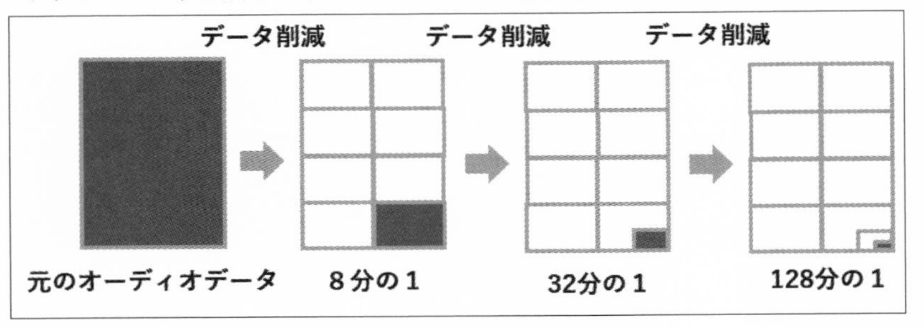

「Jukebox」の楽曲データセットの圧縮イメージ

「MP3」のような人間が楽曲を聞くための圧縮ではないため、高音部が削られて低音部が強調され、こもったような聞き取りにくい音声データになります。

また、「アテンション機能」についても、楽曲データは、かなり相互関係を調べるのが困難なようです。

生成モデルとしては「VAE」を使っていますが、楽曲の音声データをベクトル量子化したうえで「エンコーディング」が行なわれています。

その後、トランスフォーマーを使って、「コード進行」や「メロディ」などを組み立てていきます。

最終的なアウトプットの時点では、元の楽曲のクオリティに近い音質にまで「デコーディング」される、という寸法です。

*

楽曲は、ある程度それらしく聞けるものもあり、かつ歌詞を生成し、ボーカルが加わったことは大きな前進です。

しかし、できあがった楽曲は、音質をはじめクオリティとしては今一つであり、場合によっては奇妙な音の羅列となってしまうこともありました。

また、ディープフェイク動画が登場したときと同様に、「できあがった楽曲がオリジナルなのか」「著作権の扱いはどうなのか」など、いろいろと課題が発生しました。

■生成AI元年の進化？

2023年に入ると、まずGoogle社が音楽生成AI「MusicLM」の開発を明らかにし、数カ月後には一般公開されました。

データセットには28万時間ぶんの音楽が収められ、テキストをインプットすると、オリジナルの楽曲を生成するのは「Jukebox」とほぼ一緒です。
しかも、「歌詞が生成できず、音が歪んでしまうという難点が解決されていない」という指摘がこちらでもなされています。

公開前には、データセットにある楽曲の一部をそのまま使ってしまうようなこともあったようですが、公開にあたって、特定のミュージシャンの演奏や歌声が再現されることがないように修正されているようです。

●音質の向上

Stability AI社は2023年9月に「音楽生成AI」に「潜在的拡散モデル」(LDM)を使った「Stable Audio」を発表しました。

作りたい曲に関する情報をテキストにまとめ、演奏時間とともにインプットすると、楽曲や効果音がアウトプットされる、というもので、音質がCDレベル(ステレオ、44.1kHz)であることを強調しています。

*

仕組みは、テキストの「エンコード」に「CLAP」(Contrastive Language Audio Pretraining)という技術が用いられ、「U-Net」をベースとした「条件付き拡散モデル」(LDM)で何度かに分けて圧縮。
その後に、データセットを手掛かりにして楽曲を生成してはデータの音質をあげていき、最後に「VAE」で「デコーディング」されて楽曲が出来上がる、というものです。

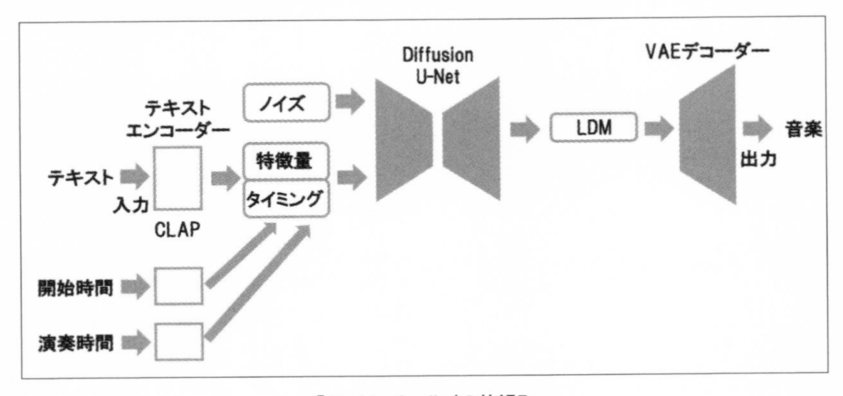

「Stable Audio」の仕組み

＊

「CLAP」モデルを使うことで、テキストの特徴に単語と音の関係に関する情報を含められるようになり、「VAE」によって、ステレオ音声をデータ圧縮するとともに、重要な特徴となる部分をしっかりと保持できるようになっています。

つまり、「CLAP」と「VAE」を併用することで、生のオーディオサンプル自体を操作するよりも高速なトレーニングと生成処理が可能になっているのです。

しかも「拡散モデル」はサイズを固定して出力するようなトレーニングが基本となっているため、さまざまな長さの楽曲が生成できます。

なお、データセットにはライブラリ・ストックオーディオサービスのAudioSparx社から提供された、楽曲や効果音、各楽器の音色など合計19,500時間以上の音声(80万曲以上)と歌詞、メタデータが含まれています。

■「聴覚情報系生成AI」の応用展開

このように、残念ながら聴覚情報系の「生成AI」は、まだ世間をあっと驚かせるほどのソリューションは見せつけていません。

しかし、オリジナルの楽曲を生み出すことだけが、「生成AI」の技術ではありません。

まるごと新たな作品を作り上げるというだけでなく、人間が作曲や編曲する際のアイデア提供や、既存の楽曲を編集やリテイクするために、「生成AI」が用いられています。

これは音楽生成系のみならず、他のジャンルの「生成系AI」への期待感によって作られているイメージと、実際に活用して享受している人たちが抱く印象との違いでもあります。

つまり、「生成AIならば簡単に人間以上の作品を創造してしまうのではないか?」というイメージと、「これまでと同じように、人間が作品を創造するうえで有用な技術や道具である」というギャップが、しばらくの間は続くのではないでしょうか。

「生成AI」が作った曲が魅力的で誰もがその虜になってしまい、人間が一生懸命作った曲など誰も聞かなくなる――そのようなことは、少なくとも当面の間は起こらないでしょうし、もし起こったとしてもせいぜい「流行」や「目新しさ」としてであり、本当の意味で、人類がこれまで作り上げてきた作品に匹敵するような生成物が生まれるには、もうしばらく時間が必要なのだと思われます。

●次々と登場する「音楽生成系AI」

とはいえ、確かに「生成AI」の技術革新の歩みはとても速く、次に何が登場するのか、まったく分からない時代に私たちが今いることは間違いありません。

たとえば、2023年6月には、META社の「楽曲生成AI」である「**MusicGen**」のオープンソースが公開されました。

「MusicGen」は、トランスフォーマーを利用したモデルで、METAがもっている2万時間ぶんの楽曲をストックしており、作りたい楽曲のイメージをテキストとして入力すると、簡単に楽曲(12秒程度)が出来上がります。

「大規模言語モデル」が文章の次に来る語彙を予測するのと同じようなやり方で、楽曲の先に続く部分を予測するような仕組みです。

これ自体は「Stable Audio」とそれほど変わってはいないのですが、META社はさらに、2023年8月に「**AudioCraft**」を発表しました。

「AudioCraft」は3つのコンポーネントから成り立っており、先行公開された「MusicGen」のほかに、テキストから効果音などの音声を作り出す「**AudioGen**」

に加えて、インプットした音声のノイズを削減する「EnCodec」も含まれています。

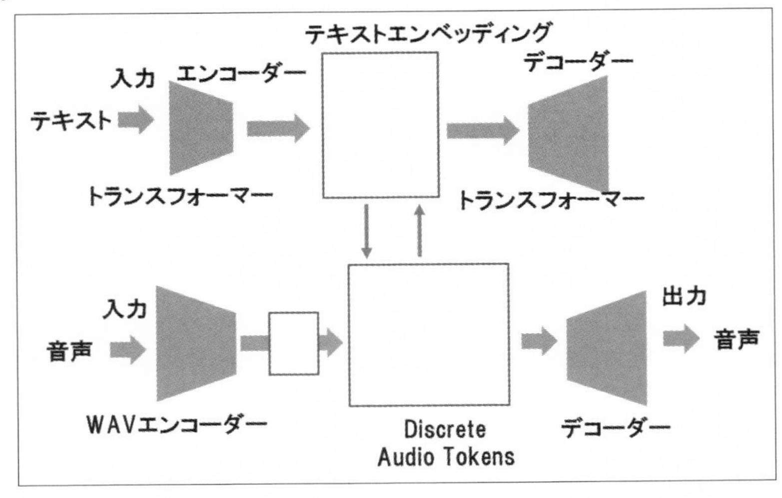

「AudioCraft」の仕組み

インプットするテキストを工夫すると、かなり楽曲としてはクオリティが上がっているようにも聞こえますが、全体的には「MusicLM」あたりとほぼ同等のレベルではないかと思われます。

*

自動音楽生成プログラム自体はすでに半世紀以上の歴史があるのですが、「生成AI」はその蓄積を活用しないで、あらためて既存の楽曲から学び直していると言えます。

そして、その結果、ある程度はそれらしい曲が出来上がるところまで驚異的な速さで到達していますが、歌詞があり人間の声で歌うオリジナル曲の生成となると、まだもう少し時間が必要でしょう。

もちろん、テキスト(歌詞)をインプットするとメロディを生成し、しかもボーカロイドに歌わせることができる、ということに特化した「生成AI」の開発も進んではいます。

RIFFIT社の「SongR」というオンラインサービスや、国内では研究プロジェクトの一環として「CREEVO」が知られています。

これもやり方次第では、かなり良い感じのメロディが生まれることもあるかもしれませんが、まだまだ道のりは遠く感じられます。

■「補助的生成AI」による「創作」

2023年6月、英国のミュージシャンであるポール・マッカートニーが音源分離機能をもつAIによって過去のジョン・レノンの音声をデモ音源から抜き出し、ビートルズの最新曲を作り上げたというニュースがありました。

ここでAIが行なったことは、まず過去の音源からボーカルだけを抽出するとともに、「ノイズリダクション」を行ない、これを1トラックとして成立させるというところまでで、他のトラックについては人間が新たに録音し直して完成させました。

●音源分離AI

元の音源(マスター)がボーカルやドラム、ベース、ギターなど、それぞれ別々のトラックに録音してあるのなら、そのような苦労をする必要はありません。

しかし、たとえば、「スマホの録音機能で弾き語りの曲を録音したものの、ボーカルはとても良い出来であるにもかかわらず、ギターは全体を通して今一つ」といった音声ファイルがモノラルであったとします。

そうすると、ギターだけをもう一度録り直したくなるわけですが、音源を分離してくれるAIを使えば、わずかな時間でボーカルとギターの音声を各トラックに分けることができます。

ディープ・ラーニングによって、インプットされた音源に対して声や楽器の音色の特徴をもとにしてそれぞれの波形を抽出するというやり方です。

言うなれば、スタジオやライブ会場でミキサを通してそれぞれのパートの音声を出力しているところを、ディープ・ラーニングが先に予測して、その結果、インプットの音源が出来上がっている、というイメージです。

*

こうした「音源分離AI」として、2023年に「Moises」が公開されました。

機能や利用曲数に制限はあるものの、無償でもある程度のことができます。

ギターの音の分離が有償であるところから見て、ギタリストが楽曲のギターだけ除いて、自分のギターを入れる使い方に需要があるようです。
曲のスピードやキーを変えることもでき、プレイヤーにとっては重宝するツールです。

また、有償ではありますが、iZotope社の「**RX**」は「オーディオリペアツール」としてすでに定評があり、「Music Rebalance」という機能で音源分離ができます。

ほか、Apple Musicの「**空間オーディオ**」(**ドルビーアトモス**)も、モノラル音源であっても各パートを分離し、さらに「立体音響空間」に配置して、これまでのステレオやサラウンドとはまた一味違うオーディオ体験ができるようになっています。

加えて、2020年からソニー社の音源分離技術がLINE MUSICのいわゆる「**カラオケ**」機能として活用されています。
2019年に公開されたSpotif社の「**シンガロング**」機能や2023年から利用可能になっているApple Musicの「**Apple Music Sing**」などもこの系譜に含まれます。

*

このように、「自動音楽生成AI」と比べると、「音源分離AI」はすでに実用に耐えられるレベルに達しており、それぞれの現場で活躍しています。

「生成AI」がもたらす未来と課題

「生成AI」は、わずかな期間に多くの分野で注目を浴びるようになりました。

プラスの面を強調する人もいれば、マイナスの面を訴える人もいますが、はたしてどうなのでしょうか。

「生成AI」が人間になりかわって人間的活動の領域を奪ってしまうのか、それとも、より豊かにさせていくのかは、正直なところ誰にも分からないでしょう。

だからこそ、今、何よりもすべきことは、私たち人間がもっと「知能」を使う、ということではないでしょうか。

4-1 現実社会への影響

いきなりオンライン上で無償提供されてSNSで話題を呼び、あっという間に多くの人を虜(とりこ)にした「生成AI」。

この「生成AI」に最初に大きく反応したのは「教育」の現場であり、続いて「ビジネス」「投資」「表現」「アート」「デザイン」などの領域でした。

■教育現場と「生成AI」

教育の現場では、学ぶ側が「生成AI」(特に「テキスト生成系AI」)に依存することで、人間自体の「学習」が疎かになってしまうのではないか、という懸念が表明されました。

*

普段の授業においてもそうですし、発表(プレゼンテーション)や宿題・レポートの提出、試験のときもそうですが、出された「課題」や「問題」を人間が自力で仕上げたり解答せずに、「生成AI」から出力されたものをそのまま提出してきた場合に、受け取った側がそれに気づかず評価して成績をつけてしまってはマズい、ということのようです。

たとえば、「生成AIについて経済学の観点から社会にもたらす影響について2,000字程度でまとめなさい」といったレポートが出されたとします。

この場合、それまでの授業の内容をふまえるのはもちろんですが、それ以外に、それに関連する情報を文献(書籍や雑誌、新聞など)から探り、「要旨」や「ポイント」をまとめつつ、自分の考えを述べる、ということが期待されているわけです。

しかし、「生成AI」を使えば、いともたやすくその課題への「模範解答」が得られる可能性があります。

*

利口に振る舞うのであれば、そのようにして生成された「模範解答」に少し手を加えて、すべてを自力でまとめたかのように見せかけることも可能です。

しかし、その場合、教える側が求めている、しっかりとした「学習」にまでは至っておらず、「ずる」をしている、ととらえられます。

こうした問題は、これまでも、誰か別の人の回答をただ書き写したり、レポート代行を頼んだり、家族や友人に手伝ってもらったり、「Q&Aサイト」に尋ねてみたりと、しばしば起こってきたことのように思います。

にもかかわらず、「生成AI」に対しては、「禁止」こそしていませんが、注意喚起が行なわれ、使用制限が求められてもいます。

その理由として挙げられているのが、以下の3点です。

・虚偽情報の混入
・著作権侵害
・個人情報漏洩

---

*

これらは至極当然の指摘ではありますが、そうは言っても「生成AI」だけの問題ではなく、あらゆる表現、あらゆるメディア、あらゆる情報に対する「リテラシー」の育成の問題であるように思います。

「生成AI」が作り出す情報が、必ずしも「正しい」ものばかりではなく、「間違い」や「偽物」「嘘」が含まれていることは、少し使っていればすぐに分かることです。

ただし、なかでもかなり厄介なのは、「引用」や「注」「参考文献」など、本来、正しい情報であることを示すために記されるはずの情報が「捏造」され、「本物」の情報の中に紛れ込んでしまっていることです。

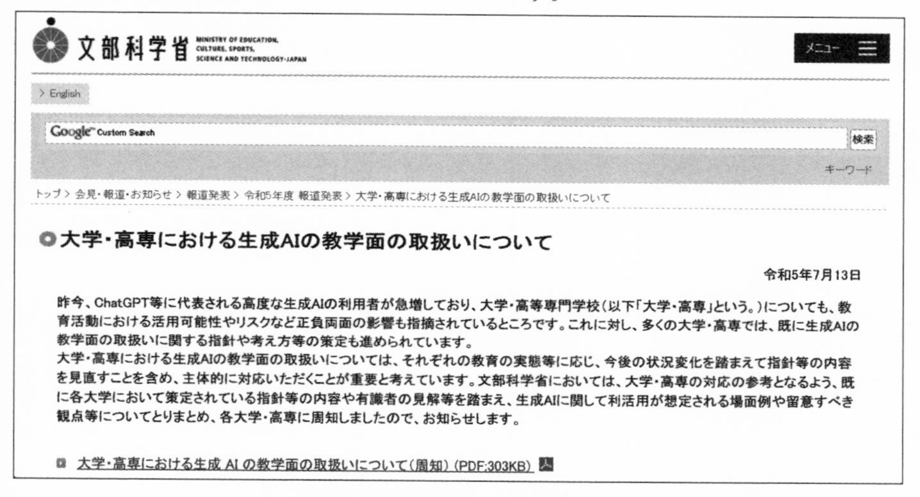

文部科学省 MINISTRY OF EDUCATION, CULTURE, SPORTS, SCIENCE AND TECHNOLOGY-JAPAN

メニュー

> English

Google Custom Search 検索

キーワード

トップ > 会見・報道・お知らせ > 報道発表 > 令和5年度 報道発表 > 大学・高専における生成AIの教学面の取扱いについて

大学・高専における生成AIの教学面の取扱いについて

令和5年7月13日

昨今、ChatGPT等に代表される高度な生成AIの利用者が急増しており、大学・高等専門学校(以下「大学・高専」という。)についても、教育活動における活用可能性やリスクなど正負両面の影響も指摘されているところです。これに対し、多くの大学・高専では、既に生成AIの教学面の取扱いに関する指針や考え方等の策定も進められています。
大学・高専における生成AIの教学面の取扱いについては、それぞれの教育の実態等に応じ、今後の状況変化を踏まえて指針等の内容を見直すことを含め、主体的に対応いただくことが重要と考えています。文部科学省においては、大学・高専の対応の参考となるよう、既に各大学において策定されている指針等の内容や有識者の見解等を踏まえ、生成AIに関して利活用が想定される場面例や留意すべき観点等についてとりまとめ、各大学・高専に周知しましたので、お知らせします。

大学・高専における生成 AI の教学面の取扱いについて(周知) (PDF:303KB)

文科省の「生成AI」についてのメッセージ

また、逆に本来誰かの著作物や表現であるにもかかわらず、出典を示さずに「生成AI」が勝手にまとめている場合もあります。

それをそのまま用いれば、使う側の表現や研究、学習に対する姿勢が疑われ、評価が著しく下がりますので、当然、安易な利用は身を滅ぼすことでしょう。

しかし、繰り返しますが、これは「生成AI」のみならず、人間の世界では、「学歴・経歴詐称」や「研究業績や引用文献の捏造」「論文の盗用」など、常に起こってきたことでもあり、それほど珍しいことではないようにも思うのですが、とりわけ「生成AI」に対しては厳しく接している印象を受けます。

*

次の節以降で触れますが、私たちが**「生成AI」の可能性や課題**を見極めようとすればするほど、それは「生成AI」に限定されたものではなく、むしろ**「人間」の側の可能性や課題**として考えるべきもののように思えてきます。

「生成AI」問題で突きつけられた「虚偽情報の混入」「著作権侵害」「個人情報漏洩」は、各々の人間こそもっと真剣に考えるべきものであり、「教育」の現場では「生成AI」にかぎらず「リテラシー」全般の重要な課題として理解する必要があります。

また、各々のケースにおいて、自分自身がしっかりと対応できているかどうかを問い、世間にあふれている情報を受け取る際に、常に注意を向け続けなければならないと、肝に銘じましょう。

■AIはどこまで人間の仕事を奪うのか

より現実的な問題として、「人間の仕事をAIに奪われるのではないか?」という議論も起こっています。

英オックスフォード大学の研究者(M・オズボーン、C・フレイら)は、これまで人間が行なっていた仕事のうち、どのくらいの職種がAI(人工知能やロボット)によって代替できるのかを算出したことで知られています。

また、2015年に野村総研が彼らとの共同研究で導き出した推計結果では、国内の601種類の職業のうち、10〜20年後には日本の労働人口の49%がAIによって置き換え可能としていました。

●「AIにできない仕事」とは

彼らの研究によれば、人工知能やロボットに置き換えが困難なのは、以下のような労働です。

---

①知覚と操作

指の器用さ、手先の器用さ、狭小空間・変則的な姿勢での労働

②創造的知性

オリジナリティや芸術性が求められる労働

③社会的知性

社会洞察力や交渉、説得、他者への気遣いなどを要する労働

必ずしも特別な知識や技能が求められない職業や、データの分析や秩序的・体系的操作が求められる職業において、人間と人工知能やロボットとが競合することになりますが、これは、あくまでも「代替可能」ということであり、実際に変化がすぐに起こるというわけではありません。

もう少し具体的な事態を想定してみましょう。

たとえば、会議の記録作成などはZoomならオンライン会議の音声をそのまま文字起こししてくれるので、これまで業者に依頼していたのが不要になる、といった変化は確実にあります。

とはいえ、当面は、これまでのやり方をする人たちも一定数おり、急激な変化は起こらないのではないか、と予測しています。

また、人間が運転する車がなくなり、人工知能が操作する自律走行車だけになるということは、今後どこかの時点できっと起きるでしょう。

その場合、タクシーやバス、トラックなどの運転を仕事としている人たちは職を失ってしまいます。

人数も多いですし、その業界の歴史や伝統があることから、当然、反発や抵抗があるかもしれませんし、社会全体に及ぼす影響は計り知れません。

＊

しかし、長い年月で考えれば、こうした変化は今までもなかったわけではありません。

これまでも「技術」の新たな導入によって、就労業種の構造が大きく変わった事例は事欠きませんし、多くの場合は移行期間がそれなりにあることから、急に働き口がなくなって困る、ということにはならないのではないでしょうか。

現在騒がれている「『生成AI』の実用化によって失業者が増大するのではないか」といった物言いは、何か新しいものが出現した際に、これまでも頻繁に用いられてきた常套句を繰り返しているだけにしか見えません。

漠然とした不安感に苛まれるよりも、現実状況を正しく認識することと、今後起こり得る事態としっかりと向き合うことが、今何よりも大切なことのように思います。

■賭けごと、金融・投資への影響

もう一つ、懸念材料としてよく話題にのぼるのが、「賭けごと」や「金融・投資」への影響です。

「パターン認識」や「統計処理」を前提として最適な解を求めるような、株をはじめとした賭けに、「生成AI」はどこまで応えられるのでしょうか。

*

たとえば、2つのサイコロを転がして、静止したときに上部に表示されている数字の和が奇数か偶数かを事前に言い当てるような賭けごとに、「生成AI」は勝ち続けることができるのでしょうか。

サイコロや環境、振り手などのさまざまな情報を収集し、ある程度の情報を収集すれば、確率論的に言えることはあるかもしれません。

しかし、問題は、賭けごとには、「賭け金の使い方」や「賭け金の上限の有無」、または、「いつをもって賭けを終了とするのか」(これが特に重要です)など、不確定要素が多いということです。

チェスや将棋、囲碁における人工知能と人間との対戦以上に「賭けごと」が興味深いのは、こうしたパラメータの多さではないかと思います。

それでも「生成AI」がある程度「勝ち」を担保できるとしたら、人間はどうするのでしょうか。
「賭けごと」をやめてしまうのでしょうか、それとも、こうしたことが分かる人たちだけが「勝ち組」として悪用していくのでしょうか。

*

「賭け事」はまだしも、金融・投資は世界経済への影響があまりにも大きいことから、むしろ検討や議論が避けられているように思います。

もちろん、「目の前の『生成AI』関連株への投資をすべきかどうか」といった議論や、乱立する「株価予測人工知能アプリ」の比較、そして「人工知能が株価上昇の予測を的中させた」といった記事は数多くあります。

しかし、本当の意味での影響について、まだ真剣に議論がなされていないように思われます。

ただ、少し冷静に言えば、「生成AI」が株価変動のある程度のパターンを捕まえることまではできるとしても、完全な予測は不可能ではないか、という意見が大半です。

■表現(アート)への影響

こうした「ビジネス」以外で「生成AI」がもたらす影響として、特に注目されるのは人間の表現としての「アート」や「デザイン」の領域が今後どうなっていくのかです。

端的に言うと、「アート」においては、「表現の幅が広がる」というメリットもありますが、一方では、「オリジナルの作品を生み出す意欲が弱まるのではないか？」という心配もあります。

「デザイン」においては、その逆で、「オリジナルなものをあえて投入しよう」という意欲が強まり、他方では、「デザイナーの役割や直接手掛けるパートが減るのではないか？」という不安もあります。

*

ちなみに、「アート」と「デザイン」の違いについて確認しておくと、「アート」は自己表現で「デザイン」は社会の問題解決、というのが一般的な定義です。

したがって、本来この両者は異なっていますが、「生成AI」はむしろこの両者の区別の意味を問うているところがあります。

また、この問題について「生成AI」が実用化される前から注目されたのは、「デザインとパクリ」が問われた、ある事件がきっかけでした。

●デザインの問題解決と模倣

2015年に、東京オリンピックのロゴの「パクリ」問題が発生しました。

この事件で、まず誰もが思ったのは、模倣元と言われているロゴと並べると、確かにかなり似ている、ということでした。

これは人間でも人工知能でも、そうとらえる可能性が高いと思います。

そのこと自体は疑いないのですが、問題は、それについて「パクリ」という言葉を用い、高額な報酬や名誉が得られることに違和感、さらには嫌悪感や憎悪を抱いた人たちが相当数出現したことです。

*

当時はSNSが流行しており、テレビのみならずネットで話題になり、オリンピックのロゴ以外にも、彼の過去の作品や事務所の作品までもが、全否定的に「パクリ」とみなされました。

結果、ロゴは作り直され、彼は「パクリ」の人として烙印を押されることになります。

左から、最初の東京五輪ロゴ、模倣元とされたロゴ、新規採用のロゴ

*

しかし、この問題は、そう簡単な話ではありません。

そもそも「デザイン」とは何か、「アート」との違いは何か、ということに関わってくる本質的な問題と、世間がどのように「デザイン」というものを(ある意味)誤解しているのかが顕著に現われています。

誤解を恐れずに言えば、「デザインの本質はパクリにある」、ということです。

ただし、大事なのは、「多くの人に受け入れられるものであること」です。

つまり、「受け入れられること」が重要なのであり、それは「パクリ」や「偽物」だから「受け入れられない」のではないと思います。

完全なるオリジナルのようなものは、すでに「デザイン」ではなく「アート」なのだ、と考えるべきではないでしょうか。

デザインが、手持ちの材料や知識、経験をベースにしつつ、目の前にある課題への「解決」を目指すということは、まさしく今「生成AI」が行なっていることと同じようなところがあります。

「画像生成AI」で作られた「オリジナル画像」は本当に「オリジナル」なのか、「アート作品」と呼べるのかというと、少なくともこれまでの定義においては「否」と言いたくなります。

「アート」の本質は「オリジナリティ」であり「自己表現」ですが、「画像生成AI」が作り出しているものは、そうではないように思われるのです。

つまり、「生成AI」が「生成」しているものが抱えている課題は、それが「パクリ」であって「オリジナリティ」ではない、ということです。

「生成AI」が何かを「創作」しているように見えますが、あくまでもそれは、これまでの情報や創作物などがあってのものであり、コラージュの手法に近いと感じます。

もちろん、これは「『生成AI』がアウトプットするものの質が低い」ということではなく、「それを『アート』とみなすのは、ちょっと違うのではないか」ということです。

*

もっとも、「デザイン」の領域においても、「多くの人に受け入れられるか」「共感されるか」はアウトプットされたもの次第だと思います。

したがって、課題は「生成AI」自体やその内部にあるのではなく、私たちが、「オリジナル」や「模倣」と、「アート」と「デザイン」とこれからどう向き合っていくのか、ということになります。

たまたま生じた一事例の問題ではなく、私たちが何を生み出し、何を享受し、何を求めているのか。

そういった「自己表現＝アート」と「課題解決＝デザイン」の間で生じてきた葛藤に対して、どういう態度をとっていくべきなのかを考えるときが、やってきているのではないでしょうか。

4-2 「一般意志」と「シミュラークル」

「生成AI」とのこれからの付き合い方を考える上で、「検索」という機能とウィキペディアのような「集合知」の形成の仕方は先行事例となりえます。

ルソーの「**一般意志**」とボードリヤールの「シミュラークル」という思想から検証しましょう。

■「検索」とAI

20世紀後半のインターネット黎明期には、「Yahoo!」にはじまり、「AltaVista」「HitBit」「Infoseek」「goo」など、数多くの「検索エンジン」が存在しており、新たな「大航海時代」において、未知のサイトを求めて日々がエキサイティングでした。

当時の「検索エンジン」はURLの収集は人力で行なわれており、今と比べると随分牧歌的なものでした。
しかし、そのぶん、「検索エンジン」ごとの個性があり、群雄割拠の時代となっていたのです。

*

その中で最も人気が高かったのは、「ネスケ」と呼ばれた「Netscape」でした。
「Netscape」は、ネット航海における頼もしい「羅針盤」として信頼されていました。

しかし、1997年を境に、急速に新興勢力として「Google」が登場し、状況は一変します。
「ググる」という言葉が一般的に用いられているように、今では「Google」は「Yahoo!」と並んで「検索エンジン」の代表格となり、ほかの「Bing」などを大きく引き離すどころか、世界トップの米IT企業4社の略称「GAFA」の先頭に来るまでに至りました。

当初はインターネットにつながったあと、ブラウザが立ち上がり、その後パソコンメーカーやプロバイダーの「ポータルサイト」を入口とする傾向にありましたが、今や「Google」こそ、その入口の「門番」のようです。

●「一般意志」と「生成AI」

少し話は変わりますが、ジャン＝ジャック・ルソーの「**社会契約説**」の中に、「一般意志」という言葉があります。

＊

「一般意志」は、各個人の意志である「**特殊意志**」の「集合体」のようなものとして説明され、こうした「特殊意志」である「個人の意志」と「共同体の意志」(＝一般意志)とが「一致する」とされます。

もしかすると、「一般意志」を「政府」のようなものとしてイメージするかもしれませんが、「政府」はあくまでも「一般意志」の「代理人」または「代行機関」にすぎません。

「一般意志」とは、単に数で集計されるような「世論」や「総意」とも異なり、「その社会を成立させているもの」「公共の利益のようなもの」と言えます。

＊

実は、ルソーはもう一つ似たような言葉として、「**全体意志**」も使っていますが、これは各個人の意志を単純に総計したもので、世論調査の結果などに近いものです。

「生成AI」以前の人工知能が獲得する第一の「知識」とは、この「全体意志」にほかなりませんでした。

しかし、現在の「検索エンジン」は、単によく読まれるサイトや記事、よく尋ねられる語彙だけの情報にとどまらず、それぞれの情報に「重み」をつけたり、どういった注意(アテンション)が向けられているのかを探ってみたり、ということも行なっています。

この「重み」や「アテンション」こそ、「生成AI」に至った人工知能のもつ能力の高さであり、これこそ「一般意志」の次元と結びついていると言えるのではないでしょうか。

「生成AI」は、まずは「一般意志」を拾い上げつつ、それだけでなく、同時に「全体意志」による重みづけをしている、と考えることができます。

＊

現在、「一般意志」は、「データの集積」「データベース」を活用する「Google」や「X」(旧Twitter)などを代表例として社会に「実装」されています。

「データベース」が単なるデータの集積ではなく、世界中の情報を体系化したり重みづけしたりしていくとき、人工知能が新たな情報を生成することを可能にする基盤が出来上がったと言えるでしょう。

これを人間が行なって出来上がったのが「Wikipedia（ウィキペディア）」です。
項目はそれぞれ、多くの人が重ね書きを行なってきたものであり、その最新情報は「全体意志」とみなすことができます。

一方、その項目にはそれぞれ「変更履歴」があり、「履歴を表示」というタブをクリックすると、これまでに項目のどこがどのように書き換えられてきたのかを、すべて見ることができます。

＊

また、Googleの検索において、少し文字を入れると自動的に続く候補が現われたり、よく検索される語群が登場しますが、このあたりも「生成AI」の起源となりうる技術です。

「多くの人が何を調べようとしているのか」「どういう語群に関心があるのか」といったデータは、すでにその内容の「正しさ」や「支持率」ではなく、「頻度」や「確率」といった統計処理によって得られたものです。
そこにある文字列を「意味」としてとらえずに「出現率」でとらえていることから、人工知能は「一般意志」と「全体意志」を統計処理し、それを可視化する装置となりえたのです。

■「シミュラークル」の時代

ジャン・ボードリヤールは、1970年代にすでに今「生成AI」をめぐって生じている問題を予言するかのような言論を続けていた稀有な哲学者です。
特に彼の用語である「シミュラークル」は、インターネットに集約される情報のあり方やSNSを中心とした虚偽の入り混じった対話のあり方、そして、「生成AI」の「生成物」のあり方を示唆していました。

いずれにも共通するのは、「オリジナルをもたないコピー」の世界、もっと言えば、オリジナルかコピーかという二項対立自体が意味をなさない世界、もしくはリアルでもアンリアルでもない「**ハイパーリアル**」の世界です。

当時ボードリヤールが「シミュラークル」ととらえていた事例は、「仮病」「アイコン」「ディズニーランド」「ウォーターゲート事件」「政権をとる気のないコミュニスト」「メディア」「ウイルス」「DNA」「核」「戦争」「映画」「情報」「広告」「クローン」「ホログラム」「SF」「動物」などです。

この一覧表に、「生成AI」そして「デザイン」を付け加えてもいいのではないでしょうか。

今私たちは、かつてのようなオリジナルの作品が華々しく輝いていた時代ではなく、そして、何もかもが大量生産されて複製が無数に出回っている時代でもなく、すでに、「シミュラークル」の時代を生きているのです。

今や、「オリジナル」をもとに「コピー」を大量生産するという発想でもなく、「オリジナル」でも「コピー」でもない、「シミュレーション」のような「シミュラークル」がただ衝突しあっている時代なのです。

4-3 「知の生成」から「生命の生成」へ

「生成AI」と「人間」との違いを見定めるうえで、なによりも重要になってくるのは、「『生命』の領域に関わりをもつのか否か」です。

現在の「生成AI」ブームはこの点にまだ踏み込んでいませんが、いずれ最重要テーマとなるでしょう。

■「人工知能」と「人工生命」

「**人工生命**」(**A Life**)は、「人工知能」を含む、総合的な「生命」の謎を解き、実際に人間の手で「生命」を創生するという、言わば「神の領域」に迫るものです。

昨今のブームはかなりビジネス色が強く、やや玉虫色のところもありますが、確かに興味深い議論が繰り広げられています。

*

新たな技術が生まれようとするとき、人間に突きつけられる問いは、常に哲学的です。

人間と将棋で対戦するコンピュータプログラムは「AI将棋」と呼ばれてきましたが、これはつまり、あたかも人間と対戦しているかのようにそのプログラムが作動していることが大前提となっていました。

分かりやすく言えば、まず、①将棋のルールをしっかりと把握していること、そして、そのルールに基づいて交互にプレイヤーとしての機能を果たすこと、つまり、②人間が楽しくゲームを続けられること、さらに、そのゲームの終了において多様な結果を生むこと、言い換えれば、③負けることもあれば勝つこともあること——です。

また、こうした対戦が繰り返される場合に、④これまでの対戦をふまえた駆け引きや『読み』が発生すること、も加わります。

これは初期の人工知能には困難なことでしたが、近年における「機械学習」または「ディープ・ラーニング」の導入によって実際に可能になりました。

＊

そう考えると、人工知能には、単純な知能(＝**基礎知能**)と、複雑な知能(＝**継続的知能**)の2段階があると考えられます。

進化論的に言えば、「基礎知能」も一つの「継続的知能」であり、「もっともシンプルなプログラム」が生成された時点から、少しずつ変化や蓄積がもたらされて形成されたものと言えます。

●人工知能の原型

では、「もっともシンプルなプログラム」は、どのように生まれたのでしょうか。

＊

「知能」が形成され複雑化していくプロセスを踏むためには、第一に、世界と接触して情報を得る必要があります。

IoTのテクノロジーが示しているように、「知能」の最初のステップは「センサ」によって情報を得ることからはじまります。

何らかの「主体」(個体)による情報の獲得が「知能」の開始であり、その目的は、大雑把に言えば、「その個体の存続」であると言えます。

このステップを近代ドイツの哲学者カントなら「**感性**」と呼んだことでしょう。

＊

そして、その次のステップは、得られた情報の取捨選択、蓄積、分類などの作業となります。

こうした作業ができるのは、単に「センサ」から得た情報のみならず、すでに蓄積されている知識(情報)とそれを学習してきたプロセス(モデルやアルゴリズム）との照会があるからです。

このステップをカントなら「**悟性**」と呼んだことでしょう。

＊

ここまでは、おおよそ、どのような個体であれ行なっていることです。

しかし、その次のステップとして人間は、収集した情報をもとに推論を行ない、予想をし、仮説を立て、空想し、理想を追求する、といった複雑な作業を行なっています。

このステップを、カントは「**理性**」と呼んでいました。

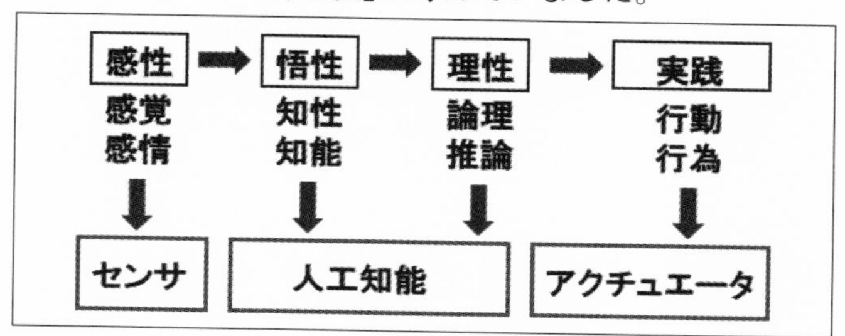

カントの概念と人工知能との関係

こう考えると、現在の人工知能技術は単に「悟性」の次元にとどまらず「理性」のステップにまで歩みを進めていることが分かります。

また、これは、「人工知能」の先にある「人工生命」を企てる際の重要な部分を担います。

＊

しかし、こうした「知能」の高度化の次元だけでは単なる「人工知能」であって、人工生命」の企てには本質的に欠けているものがあります。

それは「生命活動のプログラミング」です。

●知能と生命

人工知能とは、あくまでも「アクチュエータ」（生命活動）の部分をカッコに入れて「知能」の部分だけに特化したものにすぎません。

本来的には、そうした知能の活動は生命活動全体があった上で、その活動を統括する役割として位置付けられるものです。

コンピュータによるこうした人工知能の研究や実践は、結局のところ、アクチュエータとの連携で、ロボットや自律走行車などに収斂（しゅうれん）していくわけです。

このアクチュエータを最初から人間が用意するのではなく、その生成ならびにその動作する仕組み、さらには進化などをプログラミングしよう、というのが「人工生命」の大雑把な目標であると言えます。

その架け橋になっているのが「生成AI」です。
つまり、「生成AI」は「ゴール」ではなく、むしろ「出発点」であるとも言えます。

＊

センサやデータベースから情報を得て学習し、アクチュエータであるスピーカーやモニタ、ロボットの各部位の動作などによってコミュニケーションをとったり、物理的な効果や影響を及ぼすのが、「生成AI」の現在の立ち位置です。

世間ではいろいろと難しいことを言っていますが、実はとても単純で、今まで人間がさまざまな学問を通じて探求してきたことを、メタレベルでコンピュータにやらせようとしているのです。

言うなれば、かつて流行したシミュレーションゲーム「SimCity（シムシティ）」(1989年)や「SimEarth（シムアース）」(1990年)や「SimAnt（シムアント）」(1991年)を、もっと精密かつ複雑にしたものです。

ただし、その応用例はサイバー空間内にとどまらず、リアル空間において、「医療処置」「医薬品や食品の開発」のほか、「人間の労働の代替」など多岐にわたっており、こちらのほうが先に話題になってしまうため、どうしても「人工生命」が意味するものが見えにくくなっています。

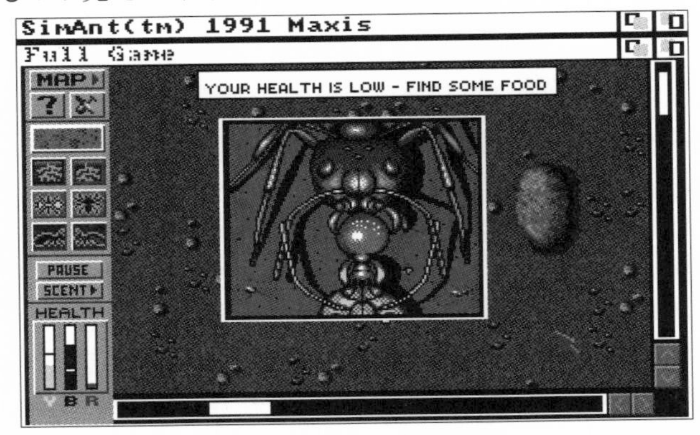

シミュレーションゲーム「SimAnt」

■AIは生命に何を求めているのか

しばしばSFには「マザーコンピュータ」という人工知能が登場しますが、この人工知能には常に人間以上の「知能」が期待されています。

「人間以上」というのには2つの意味合いがあります。

1つは人間が行なえる情報処理能力を超えて、大量のデータを処理できるという期待感(=**作業処理の自動化・効率化**)。

もう1つは、その上で人間以上に偏見や差別なしに、そして、一部のことに左右されない全体的、総合的、合理的な判断を行なえるという期待感(=**合理性の超合理性化**)です。

それでは「人工生命」に対してはどうでしょうか。

●「人工生命」が目指すもの

「知能」と「生命」の違いを簡単にまとめると、「生命」はこれまで「自然」と言われてきた領域と重なっており、その中でも「動的な自然」を指します。

その意味では人工生命は新たな「自然」を作り出すことにその特徴があり、「自己組織化」できるということが「知能」との大きな違いです。

言ってみれば、「個体」として「世界」から区別してとらえることができるものになります。

さらには、その「個体」は「生成」するとともに「終焉」もするというサイクルをもつことと、そのサイクルに加えて、ある意味不完全な「自己複製」によって歴史性をもち、進化のプロセスが形成されます。

●「人工生命」の現実化

人工知能がロボットへの組み込みによって人間に近づくとともに、人間が人間を超える個体の開発を目指しているとすれば、「人工生命」は「サイバー空間におけるシミュレーションで得られた情報に基づいて、実際に新たな生命を『創造』することを企んでいる」という方向性も含まれます。

しかし、そうなってくると、「それは『生命』ではなく『生命体』、すなわち『生物』の創造ではないか？」という疑いが頭をもたげてきます。

フランケンシュタイン博士の作った「怪物」や土人形に命を宿らせる「ゴーレム」のイメージです。

*

そう考えると、「人工生命」のこうした関心のもたれ方はロボットの進化とはまったく逆のベクトルをもち、「生物」(というよりも「死者」や「無生物」)に「いのち」を吹き込むことと言えそうです。

この先にあるのは、「新たな生命体を生み出したい」という欲求と、もう一つは、不老不死もしくは「死者を蘇らせること」への追求と言えるでしょう。

そうであるならば、たとえば、アニメ「エヴァンゲリヲン」の初号機は、その操縦者である碇シンジの母のユイの「魂」が埋め込まれていましたが、これは「人工生命」が技術的に応用された結果なのかもしれません。

少なくとも「機械に魂を埋め込む」ということは、簡単にできるものではありません。

■「人工生命」と「人工非生命」との差異

おおよそ概念定義というものは、「〜ではない」によって輪郭が明らかになるものであり、「人工生命」についても、何が「人工生命」ではないかを考えていけば、もう少し明確になりそうです。

その意味でも、前述した「人工知能」と「人工生命」の違いは、一つの「人工生命」の定義の試みとしてはうまくいっていると思います。

しかし、もう一つ、課題があります。

それは、「ウイルス」と「生命」とは何が異なるのか、です。

●「ウイルス」と「人工生命」

人類にとって「ウイルス」(や細菌)とは、自分たちの生命を脅かす敵であり、その存在を否定し続けてきました。

ウイルスに感染するということは、自分という生命体の危機であり、むしろウイルスが優位に自らの生命力を拡大させること、と思えてきます。

あえて言えば、誰もが何とも言えない不安を抱く「ゾンビ」とは、たとえばウイルスに感染してしまい、「人工生命」が自立した存在となった場合、というとらえ方も可能ではないでしょうか。

しかし、ウイルスと生命を区別する根拠は実に簡単で、「寄生しなくても自己増殖できるかどうか」にすぎず、それ以外に大きな違いはありません。
「生命」の定義の中に「寄生すれば自己増殖できる」という項目を付け加えれば、ウイルスもまた「生命」の一種とみなすことができます。

そうすると、ウイルス的な「人工生命」もまた、「人工生命」の一種であり、すなわちそれは、「コンピュータ・ウイルス」としてすでに開発されてきたものの延長線上にある、と言えます。

そうであれば、明確に「人工生命」の現実と将来が見えてきます。
すなわち、私たちは、自分たちに都合の良い「人工生命」ばかりを追いかけがちですが、実際には、「人工生命」においても、人間に害をもたらすもの、「人工生命」の世界を脅かすものも当然のように登場するはずです。

この世界は、私たち人類のためにあるわけではありません。
それは「人工生命」が登場しても変わることはありません。

4-4 技術文明史と「生成AI」

最後に、「生成AI」を技術文明史という大きな文脈でとらえ直してみます。

目先の影響ではなく、これからの時代を生きる私たちにとって、「生成AI」はどういった可能性や課題があるのかを、結びに代えてまとめてみます。

■過去に予測された人工知能の未来と現実

まず、いくつかのSF作品に描かれている人工知能の未来像を振り返ってみましょう。

*

当時はまだ人工知能という言葉は生まれていませんが、1950年に発表されたI・アシモフの短編集『わたしはロボット』が、「第一の人工知能像」を示していると言えます。

この作品ではロボットには三原則が定められており、特に「人間に危害を与えない」という条項が含まれていることは、よく知られているでしょう。

ここでは、人工知能は人間に服従するものであり、人間が与えた命令に従う存在として理解されています。

その背景には、人工知能が進化していくと、人間を超えてしまうのではないかという不安があったのではないでしょうか。

実際、そうした考えを前提とした作品は多数存在し、これが「第二の人工知能像」を形成しています。

*

1949年に発表されたジョージ・オーウェルの小説『1984』は、社会が「ビッグブラザー」という人工知能のような独裁者によって支配され、人間は言語や思想が統制され監視されて生きています。

こうしたイメージはその後もさまざまな作品の中で繰り返されており、SF映画「マトリックス」(1999年)においても、より高度な描写にはなっていますが、人工知能が社会を健全に運営する一方で、人間はもはやかつてのような人間らしさを失うという姿が描かれています。

もう一つ、大きく異なる未来像としては、人間と人工知能をもったアンドロイドとの区別がつかなくなって困惑しているさまを描いた映画「ブレードランナー」(1982年)が挙げられます。

ここに登場する「レプリカント」と呼ばれるアンドロイドは、すでに人間と同じように悩み、苦しみ、死への恐怖などを感じとろうとしています。

これは明らかにこれから私たちが歩む近未来がイメージされた作品と言えるでしょう。

さらにこの延長線上には、すでに人間と人工知能の絶対的な線引きがない世界を描くものも現われています。

たとえば「A.I.」(2001年)や「her/世界で一つの彼女」(2013年)など、人工知能が母親への愛情を求めたり、人間が人工知能との恋に陥ったりしています。

まとめると、第一に「人工知能が人間に服従する社会」、第二に「人工知能が人間を支配する社会」、そして第三に「人工知能と人間が共存する社会」、ということになります。

映画に見られる人間と人工知能との位置関係

関係性	代表作
人間>AI	『わたしはロボット』(1950年)
人間<AI	『1984』(1949年) 「マトリックス」(1999年)
人間≒AI	「ブレードランナー」(1982年) 「A.I.」(2001年) 「her/世界でひとつの彼女」(2013年)

＊

このように、人工知能の未来像の描き方は、人間が自分たちをどうとらえようとしているのかを象徴的に表していると言えます。

■「ビッグデータ」と「IoT」の影響

ところで、実はこうした「人工知能の未来像」が人間との共存の方向性に向かう大きなきっかけになっているのが、「ビッグデータ」でした。

ビッグデータは、活用されてはじめて「ビッグ」であって、ただ大量にハードディスクにデータが書き込まれているだけでは意味をもちません。

しかし、一方でビッグデータとして現在大量に生み出されつつあるものは、「IoT」(M2M)のセンサなどから主に集められたものです。

今後、ウェブ上の情報に加えて、各センサが作り出すデータも人工知能によって活用されます。
つまり、人工知能は、単に人間が残してきたウェブ上の情報のみならず、モノのインターネットが集めてきたビッグデータを含めて「機械学習」をしていくことになるのです。

そのとき人工知能に何が起こるのでしょうか。
また、人工知能はどういったアウトプットをするのでしょうか。

●ビッグデータによる人工知能の進化

IoT、ビッグデータ、人工知能――この3つの技術の足並みが揃うことによって、技術的な進化を以下のように考えることができます。

*

第一段階：制御

与えられた条件に対して、与えられた指示に従うことが、第一段階です。

たとえば、ある程度暗くなると照明のスイッチが入り、明るくなるとスイッチが切られるというような場合です。
この場合、条件も指示もそれほど多くなく、学習機能も必要ないため、「ビッグデータ」を活用するには至りません。

第二段階：探索的制御

第一段階よりも、もう少し複雑な条件や指示に従うことが、第二段階です。

将棋や囲碁のようなゲームのように、ルールは決まっている中で最善の選択肢を見つけ出していく場合であり、対応パターンは非常に多くなります。

そのため、ビッグデータから必要な情報を探しだすこともあります。

たとえば、医療機関の検査結果データに対してビッグデータにある既存のカルテを探索し、考えられる治療法や処方する薬を提示できるようになります。

第三段階：機械学習

さらに、条件や指示を所与のもとして用意しなくても、経験の積み重ねで対応のパターンを自動的に学習するという方向性があります。

杓子定規なルールに従って対応を行なうのではなく、実際の経験から学び取っていくというやり方です。

算数を覚えて正しい計算を行なうというよりも、歴史の出来事から人間の営みを考えるようなものです。

当然、ビッグデータを活用し、これまで関連づけられたことの多様な因果性を見つけることもできるようになるかもしれません。

第四段階：ディープ・ラーニング

「ディープ・ラーニング」は、「特徴量」と呼ばれる変数を、人間が用意しなくても、学習する中で自ら発見するという、普段人間が行なっていることと同じようなことをしているわけですが、あくまでも既存の枠組みに沿っているにすぎません。

しかし、このあと、**第五段階**として、IoTによって得られたビッグデータを学習することによって、これまでとはまったく異なる、新たな「知」が創出されるかもしれません。

●社会への影響

次に、人工知能技術が社会に及ぼす影響を整理してみます。

以下、①自動化、②個別対応化、③発見・創造、という三つの次元の影響を及ぼすと考えられます。

---

①自動化

自律走行車に代表されるもので、これまで人間が行なっていたことを人工知能が代わりに行ない、新たな人間と機械との分業体制を構築していくでしょう。

②個別対応化

自動化と異なり、非画一的な対応が求められ、リアルタイムでの双方向的なやりとりが含まれる分野への参入ということになり、健康診断や医療診断、学習指導、商品の説明や販売などが含まれるでしょう。

③発見・創造

IoTから得たビッグデータを活かすとともに、人類や世界の資産、資源、価値、ニーズなどを掘り起こし、新たな組み合わせや枠組みを作り出したり共有するような方向であり、社会に根本的な変化をもたらす可能性が高いでしょう。

---

*

もちろん、これらはいずれにおいてもプラス面もあればマイナス面もあるはずです。

不安感が増大しているのも当然のことであり、根本的に言えば、人間が生きる意味や存在する理由が問われることでしょう。

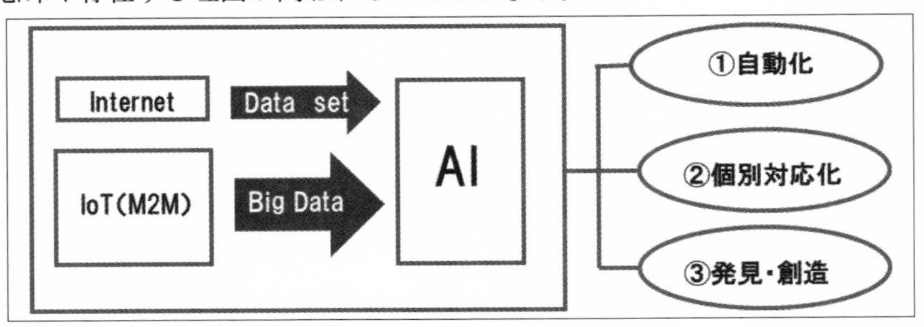

ビッグデータとAIとの関係

■「技術的特異点」とAI

「仕事」以上に大きな転換点にさしかかる深刻な問題があるという指摘が「技術的特異点」論です。

「技術的特異点（シンギュラリティ）」という言葉は、レイ・カーツワイルが2005年に書名に用いたもので、新たな技術が実用化された結果、急激に人間の生活が根本から変わることを意味します。

＊

具体的には、「第一の予兆」は2030年代に起こり、現存する人類の知的活動の総量と同じくらいの量を人工知能が活動（非生物的なコンピューティング）していると見積もられています。

「生成AI」の急激な進化を見ていると、まさしくこの「予兆」点に向かいつつあるという実感があります。

とはいえ、量が同じくらいになったからと言って、まだ根本的な転換は起こりません。

ところが、2045年ごろには、全人類の知能量に対して人工知能量が10億倍にまで増加する可能性が高いと推測し、この地点で、カーツワイルは人間の能力が根底から覆り変容する、ととらえて「技術的特異点」と呼んでいるのです。

●「技術的特異点」の意味

しかし、これから起こる「技術的特異点」とは何のことなのでしょうか。

＊

これまでにも「知能」をめぐる「特異点」はいくつか存在してきました。

数十万年前の「**言葉の使用**」にはじまり、「**文字の発明**」、本や新聞をはじめとした「**複製可能な記録媒体技術の発明**」を経て、電磁的手法を用いて情報を記録したり計算する「**コンピューティング技術の発明**」に至るまで、数十万年の歴史の中で、地上における「知能」の大半は、人間が広げてきたのです。

それが2045年、ついに人間に代わって、人工知能が「何か」を生み出す可能性がある、ということなのです。

歴史における「知能」をめぐる「特異点」

数十年前	言語の使用
数千年前	文字の使用
数百年前	複製の使用
数十年前	電磁情報の使用
数十年後	人工知能の使用

*

少なくともこれは、人間から人工知能に技術開発と進化の主役が交代するということを単純に意味するわけではありません。

「人工知能が人類の知能を上回る」とか「完全に人間が人工知能の支配下に置かれる」ということではなく、むしろ、「知能」量の爆発的な増加によって、人間は人工知能を使って、新たな領域に突入する、ということを意味します。

*

従来の「知能」というものは、結局は一人一人の人間個体に依存していて、それらを少しでも社会全体で生かそうと努力してきたのが、私たち人間の技術文明史と言えます。

しかし、2045年の「技術的特異点」にあっては、人間だけでなく、ロボットやセンサなども含めて社会には無数の「端末」があると同時に、それらをリアルタイムでつなぐ「クラウド」、集積する「ビッグデータ」、学習する「人工知能」、これらの総体によって社会を営むということになります。

つまり、「人間個体の知能の合計数による社会の運営」から、「人間と人工知能と分散的ネットワークによる社会の運営」へと、移り変わる基盤が生まれると考えられます。

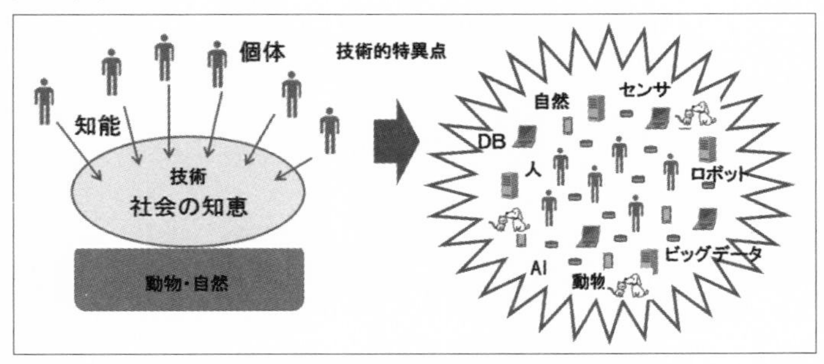

「人間個体の知能の合計数による社会の運営」から、
「人間と人工知能と分散的ネットワークによる社会の運営」へ

■人間と「生成AI」

さて、最後に考えたいのは、そもそもロボットや「生成AI」といったものは、本来人間が生み出した技術であるはずなのに、どうして人間は言い得ぬ不安を抱いてしまうのか、ということです。

大枠で言えば、それは、人類と技術との関係のあり方の問題であり、顕著な例を出せば、原爆によるジェノサイド、福島第一原発事故がもたらしたインパクトと同様の次元にあるように思います。

私たちは、自分たちが生み出したもの(技術)であるにもかかわらず、その生み出されたものの正体や、それらとの付き合い方が未だ定められず、不安におののいているのです。

●技術の歴史

技術の歴史は、多くの生き物が恐れる「火」を人間が勇気をもって我が物としようとしたところからはじまります。

言ってみれば、人類は、いかに他の生き物や「自然」に立ち向かい、自分たちに有用なものに転換させるかに勝負をかけてきたと言えるでしょう。

＊

もちろん、自然との「対立」ではなく「融和」を前提とした思考や文明も常にありましたが、「技術」の本質は、「自然」や「環境」を「人為」(我が物)に変えることにあることは疑いえません。

まさしく、「認知」「判断」「作為」のサイクルを繰り返して、個人レベルで終わらせることなく、空間的にも時間的にも継承・伝播・発展させるということを可能にしてきました。

したがって、図式的には、「生成AI」にしても「技術」の一亜種にすぎない、とみなすのが妥当です。

これまでがそうであったように、これからも新たな技術は常に人間の恐れるものであり続けるとは思いますが、いたずらに不安になることをやめ、自分たちがどうしたら使いこなせるのか、どう制御していくのか、そこに力点を置くべきでしょう。

…ときれいにまとめて終わりたいところですが、事態はそれほど簡単ではありません。

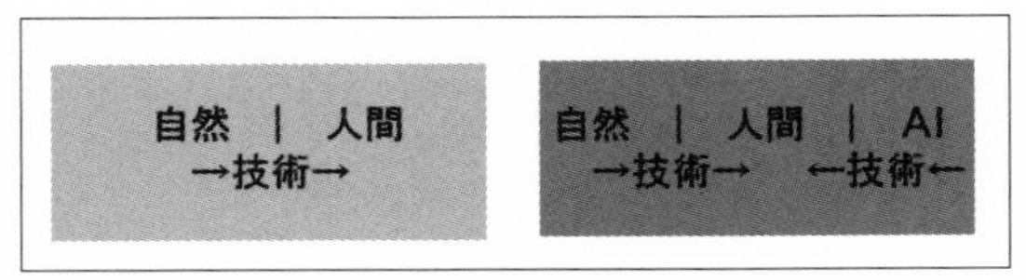

技術のあり方の違い(左:生成AI以前、右:生成AI以後)

たとえば、「自然」と「人間」との間の対立にしても、現実的には、犬や猫といった「伴侶動物」との共生を人間が目指しているように、「人間」と「人工知能」との対立にしても、「共生」という思考の転換が必要なのです。

「自然」全体でなくとも、少なくとも「生き物」(もっと狭く言えば、「伴侶動物」)はすでに「人間」の側に組み込んで思考し、日常生活を営んでいることが少なくありません。
それと同じように、「生成AI」も(生き物ではないですが「生成」的であることから)端的に「人間」の側に組み込むことが求められる可能性があります。

もっと狭く言えば、たとえば同じ「人間」の中でも、この多様性が叫ばれている最中に、「男」「女」以外のカテゴリへの拒絶感を抱く人がいます。
また、動物愛護の次元で言えば、地域猫や保護猫活動が盛んになっている一方で「野良猫」や「ノネコ」に対する攻撃的な排除や抹殺を試みる場合もあります。

そう考えれば、「生成AI」と「人間」との共生も決して容易でないことは確かです。

しかし、私たちが「人間」である以上、問われ続けるのは、こうした課題に諦めることなく向かい合い続けることにあるはずです。

しかも、そのやり方は単に一義的に前に進めばいいというものではなく、あいまいさや多様性を前提としつつ「共生」を目指すことにあるように思います。

「生成AI」をはじめ、「技術」を携えて生きていく人間の未来像は、単純に明るいので暗いのでもなく、明るいところに暗い部分を見つけ出し、暗いところから明るいものを見つけ出す、そうした地道な歩みの中にこそ、あるはずです。

アルファベット順

五十音順

《さ》

《著者略歴》

瀧本　往人（たきもと・ゆきと）

1963年　北海道生まれ

信州大学大学院人文科学研究科修了（地域文化・比較哲学専攻）後、同大学院工学系研究科（博士課程後期）で地域社会論・環境哲学を専攻。

［主な著書］

基礎からわかる「Bluetooth」［第3版］
基礎からわかる「Web」と「ネットワーク」
基礎からわかる「電波」と「通信」
基礎からわかる「Wi-Fi」＆「無線LAN」
MPEG4入門［改訂版］
コンピュータウイルス解体新書　（以上、工学社）

恋におちた哲学者（監修）
哲学で自分をつくる　（以上、東京書籍）

本書の内容に関するご質問は、
①返信用の切手を同封した手紙
②往復はがき
③FAX (03) 5269-6031
（返信先のFAX番号を明記してください）
④E-mail　editors@kohgakusha.co.jp
のいずれかで、工学社編集部あてにお願いします。
なお、電話によるお問い合わせはご遠慮ください。

サポートページは下記にあります。

［工学社サイト］
http://www.kohgakusha.co.jp/

I/O BOOKS

生成AIの可能性と人類

人類のあり方や、仕事の仕方、生き方を、哲学的視点と工学的視点から考える

2023年11月20日　初版発行　©2023

著　者　瀧本　往人
発行人　星　正明
発行所　株式会社工学社
〒160-0004 東京都新宿区四谷4-28-20 2F
電話　(03) 5269-2041（代）［営業］
　　　(03) 5269-6041（代）［編集］
振替口座　00150-6-22510

※定価はカバーに表示してあります。

印刷：（株）エーヴィスシステムズ

ISBN978-4-7775-2270-5